Photoshop

影视动漫角色绘制技法精解

精鹰传媒 / 编著

人民邮电出版社

北京

图书在版编目（CIP）数据

Photoshop影视动漫角色绘制技法精解 / 精鹰传媒编
著. -- 北京 : 人民邮电出版社，2020.10
ISBN 978-7-115-54125-3

Ⅰ．①P… Ⅱ．①精… Ⅲ．①图像处理软件 Ⅳ.
①TP391.413

中国版本图书馆CIP数据核字(2020)第090396号

内 容 提 要

　　本书通过丰富的实例，系统全面地解析了动漫角色和场景绘制技法。本书主要分为三部分：第一部分
（第1章）理论知识，介绍影视动漫的基础知识，让读者对影视动漫有一个基本的认识；第二部分（第2～6
章）绘制前期工作，主要介绍影视动漫绘制前的准备工作，包括定位、规划、线条、色彩、构图、创意和分
镜图的绘制等；第三部分（第7～12章）角色与场景绘制，本部分是深入创作阶段，主要讲解动漫角色身体
各个部分的绘制，服装和道具的绘制，精灵魔怪、场景的绘制，以及为动漫元素上色。

　　随书提供部分案例效果源文件和典型案例绘制演示视频，方便读者学习使用。

　　本书适合影视动漫角色绘制爱好者、初学者，以及相关专业的大中专学生阅读。

◆ 编　　著　精鹰传媒
　　责任编辑　张丹阳
　　责任印制　马振武

◆ 人民邮电出版社出版发行　　北京市丰台区成寿寺路11号
　　邮编　100164　电子邮件　315@ptpress.com.cn
　　网址　https://www.ptpress.com.cn
　　北京捷迅佳彩印刷有限公司印刷

◆ 开本：787×1092　1/16
　　印张：13
　　字数：443千字　　　　　　　2020年10月第1版
　　印数：1 – 2 000 册　　　　　2020年10月北京第1次印刷

定价：98.00元

读者服务热线：(010)81055410　印装质量热线：(010)81055316
反盗版热线：(010)81055315
广告经营许可证：京东市监广登字 20170147 号

近年来，影视行业竞争激烈，网络视频如雨后春笋般纷纷涌现，网络电影、网络剧、网络综艺夺人眼球，伴随而来的是影视包装行业的迅速崛起。精湛的影视特效技术走下神坛，被广泛应用于影视包装领域，让电视节目、院线电影、互联网影视的视觉呈现更为精致多元，影视特效日益成为影视包装不可或缺的元素。逼真的场景，震撼人心的视觉特效，流畅的画面……人们对电视节目、院线电影、互联网影视的要求已经提升到一个新的高度，而每一个更高层次的要求都是影视包装从业人员的新挑战。

中国影视包装行业发展迅速，专业化人才需求巨大，越来越多的人加入影视包装制作的行列。但他们在实践过程中难免会遇到一些困惑，如理论如何应用于实践，各种已经掌握的技术如何随心使用，艺术设计与软件技术怎样融会贯通，各种制作软件怎样灵活配合……

鉴于此，精鹰传媒精心策划编写了系统的、针对性强的、亲和性好的系列图书——"精鹰课堂"和"精鹰手册"。这些书汇聚了精鹰传媒多年的创作成果，可以说是精鹰传媒多年来的实践精华和心血所在。在精鹰传媒走过第一个十年之际，我们回顾过去，感慨良多。作为影视行业发展进程的参与者和见证者，我们一直希望能为中国影视包装行业的长足发展做点什么。因此，我们希望通过出版"精鹰课堂"和"精鹰手册"系列图书，帮助读者熟悉各类CG软件的使用，以精鹰传媒多年的优秀作品为案例参考，从制作技巧的探索到项目的完整流程，深入地向CG爱好者清晰地呈现影视前期和后期制作的技术解析与经验分享，帮助影视制作设计师解开心中的困惑，让他们在技术钻研、技艺提升的道路上走得更坚定、更踏实。

解决人才紧缺问题，培养高技能岗位人才是影视包装行业持续发展的关键。精鹰传媒提供的经验分享也许微不足道，但这何尝不是一种尝试——让更多感兴趣的年轻人走近影视特效制作，为更多处于瓶颈期的设计师们解疑释惑，与业内同行一同探讨进步。精鹰传媒股份有限公司一直把培养影视人才视为使命，我们努力尝试，期盼中国的影视行业迎来更加美好的明天。

佛山精鹰传媒股份有限公司

2020年5月

前言

随着CG行业和中国影视产业的不断转型升级，影视产业的专业化已得到纵深发展。从电影特效到游戏动画，再到电视传媒，对专业化人才的需求越来越大，进而对CG领域的专业化人才也就有了更高的要求。而现实是，很大一部分进入这个行业的设计师，因为缺乏完整系统的学习，导致理论与实践相距甚远，各种已掌握的技术不能随心使用，或者不能很好地将艺术设计与软件技术融合汇通，很多设计师的潜力得不到充分发挥。

2012年伊始，精鹰传媒开始筹划编写系列图书——"精鹰课堂"和"精鹰手册"。这些教材集中了公司多年来的创作成果和创作者的丰富经验，是精鹰传媒多年来的实践精华和心血所在。

在精鹰传媒系列图书的编写中，我们立足于呈现完整的实战操作流程，搭建系统清晰的教学体系，包括技术的研发、理论和制作的融合、项目完整流程的介绍和创作思路的完整分析等内容。编写本书的目的不是让你学会画某个Q版角色或某个漂亮的场景，也不是学会某种单一的绘制技法，而是让你在理解动漫对象的前提下，利用手中的笔、纸或电脑等工具，熟练、灵活地运用线条、光影、色彩来描绘所需的任意对象。本书主要以影视动漫的基本创作流程为创作思路，通过丰富的实例，具体详尽地解析动漫各个环节的综合绘制技法。绘制技法以线条的描绘、光影色彩的运用为核心要素。最后，对动漫对象的动画表现也进行了介绍。这样可以让读者更完整、全面地了解到动漫绘制的用意，而不是单一地学到动漫中的某一知识。

本书得以顺利出版，要感谢精鹰传媒总裁阿虎对"精鹰课堂"的大力支持，还要感谢黄金增、陈秋平等同事的全力配合，共同完成了本书的创作。资深动漫设计师黄金增强调："动漫学习没有捷径，必须打牢绘制基础，才能进行高品质的动漫创作。本书没有用华丽、酷炫的动漫作品取悦读者，也没有只针对某种风格的动漫角色或单一绘制技法进行介绍，而是通过灵活、实在的线条绘制技法，与丰富多变的光影色彩表现来实现任意的动漫对象绘制。"

书中难免会有一些纰漏之处，恳请读者批评指正，我们一定虚心领教、从善如流。同时，精鹰传媒公司的网站上开设了本书的专版，我们会对读者提出的阅读学习问题提供帮助。

我们会坚持为客户做对的事，提供好的服务，协助客户建立品牌永久价值，使之成为行业的佼佼者。这就是我们矢志不渝的使命。

莫立 黄金增

2020年5月

目录

01

理论知识

第 1 章　理论概述

1.1　什么是动漫 ·· 12

1.2　影视动漫的发展 ·· 12

1.3　动漫的构成要素 ·· 13

1.4　动漫的动画原理 ·· 15

1.5　动画的运动规律 ·· 15

02

绘制前期工作

第 2 章　绘制前的筹备：定位和规划

2.1　整体定位 ··· 18

2.2　创作清单的规划 ·· 18

2.3　分镜图的绘制工具 ··· 18

　　2.3.1　铅笔 ··· 18

　　2.3.2　蘸水笔 ·· 20

　　2.3.3　漫画专用墨水 ··· 21

　　2.3.4　针管笔 ·· 21

　　2.3.5　水彩毛笔 ··· 22

　　2.3.6　绘图用纸 ··· 22

　　2.3.7　橡皮类工具 ·· 23

　　2.3.8　辅助工具 ··· 23

　　2.3.9　网点纸 ·· 24

　　2.3.10　取景工具 ··· 24

　　2.3.11　扫描仪 ·· 24

　　2.3.12　拷贝台 ·· 25

　　2.3.13　无纸绘图 ··· 25

　　2.3.14　软件 ··· 25

第 3 章　从基本功开始：线条、色彩和构图

3.1　线条的艺术 ··· 26

3.2　线条的表现风格和种类 ·· 27

　　3.2.1　线条的表现风格 ·· 27

　　3.2.2　线条的种类 ·· 29

　　3.2.3　线条的细分种类 ·· 30

　　3.2.4　特殊线 ·· 32

　　3.2.5　实例：通过勾线讲解线条的变换 ························· 34

3.3　不同笔刷的应用 ·· 39

　　3.3.1　画笔预设 ································· 39

　　3.3.2　"画笔"面板 ························· 41

　　3.3.3　模式 ··· 47

　　3.3.4　实例：制作笔刷 ··················· 48

3.4　色彩的分析和原理 ··························· 51

　　3.4.1　色彩的由来 ··························· 51

　　3.4.2　色彩的基本原理 ··················· 51

3.5　构图方式 ··· 57

　　3.5.1　规则形状的构图方式 ············· 57

　　3.5.2　不规则形状的构图方式 ········· 60

　　3.5.3　实例：圆形构图法 ················· 60

第 4 章　头脑风暴阶段：根据主题发散思维

4.1　头脑风暴概述 ································· 66

4.2　实例：悠闲的老板 ··························· 66

　　4.2.1　分解主题 ······························· 66

　　4.2.2　从简单角色的创意开始 ········· 68

　　4.2.3　辅助对象的延伸 ··················· 69

　　4.2.4　简单场的搭配 ······················· 70

　　4.2.5　阴影、光感与色彩的测试 ······· 72

　　4.2.6　最终的线稿描绘 ··················· 73

　　4.2.7　最终的颜色绘制 ··················· 77

第 5 章　构建绘图规则：设计标准化

5.1　角色构建的表现形式 ······················ 81

　　5.1.1　直接展示 ······························· 81

　　5.1.2　突出特征 ······························· 82

　　5.1.3　对比衬托 ······························· 82

　　5.1.4　合理夸张 ······························· 83

　　5.1.5　以小见大 ······························· 83

　　5.1.6　谐趣模仿 ······························· 84

　　5.1.7　借用比喻 ······························· 84

　　5.1.8　联想延伸 ······························· 85

5.2　角色和场景设计 ······························ 86

　　5.2.1　实例：角色的对比表现 ········· 88

　　5.2.2　实例：外貌与性格的对比表现 ··· 91

第 6 章　提前准备：绘制故事分镜图

6.1　构建故事框架 ·········· 94

6.2　绘制分镜图 ·········· 94

　　6.2.1　快速素描 ·········· 95

　　6.2.2　绘制一组缩略草图 ·········· 96

6.3　模拟镜头角度进行构图 ·········· 97

　　6.3.1　镜头景别的构图应用 ·········· 97

　　6.3.2　技巧应用 ·········· 97

　　6.3.3　衔接应用 ·········· 97

6.4　设定粗略图中的节奏 ·········· 97

6.5　完善分镜图 ·········· 98

　　6.5.1　细节处理 ·········· 98

　　6.5.2　添加阴影 ·········· 99

　　6.5.3　情绪变化 ·········· 100

6.6　上色 ·········· 100

　　6.6.1　学习色温 ·········· 101

　　6.6.2　创建基色 ·········· 102

03

角色与场景绘制

第 7 章　角色头部的绘制

7.1　角色头部的风格 ·········· 104

　　7.1.1　实例：简约型"胡子大叔"的绘制 ·········· 104

　　7.1.2　实例：夸张型"可爱的小萝莉"的绘制 ·········· 106

7.2　头部的标准比例结构 ·········· 109

　　7.2.1　头部的多角度结构 ·········· 110

　　7.2.2　实例：头部的四分之三侧面结构绘制 ·········· 113

7.3　五官与表情 ·········· 115

　　7.3.1　五官的分布与绘制 ·········· 115

　　7.3.2　实例：眼睛的绘制 ·········· 119

　　7.3.3　丰富的表情变化 ·········· 119

　　7.3.4　实例：正面角度的五官与表情 ·········· 121

　　7.3.5　实例：四分之三侧面的五官与表情 ·········· 123

　　7.3.6　实例：侧面角度的五官 ·········· 125

7.4　头发 ·········· 127

7.4.1 头发的组成 ·········· 127

7.4.2 头发的种类 ·········· 128

7.4.3 实例：单马尾辫的绘制 ·········· 129

第 8 章　角色的全身造型

8.1　不同年龄人物的身体特征 ·········· 132

8.2　身体形态的各种姿势 ·········· 133

8.2.1 实例：女性角色叉腰的身体造型 ·········· 134

8.2.2 实例：狼走路的动态 ·········· 136

8.3　头身比例关系 ·········· 137

8.4　头身比例的标准与变化 ·········· 141

8.5　男女角色的比例差异 ·········· 142

8.6　手臂的动态造型与比例 ·········· 144

8.7　腿部的动态造型与比例 ·········· 145

8.7.1 结构要点 ·········· 145

8.7.2 实例：呆萌酷男的手脚造型 ·········· 146

8.7.3 实例：动物角色的脚部造型 ·········· 148

8.8　身体的多角度透视 ·········· 149

8.8.1 实例：胖体型角色的身体透视 ·········· 152

8.8.2 实例：瘦体型角色的身体透视 ·········· 154

第 9 章　服装和道具的设计

9.1　服装的分解 ·········· 156

9.1.1 服装的基本构成 ·········· 156

9.1.2 服装的风格 ·········· 158

9.1.3 实例：服装与角色的搭配 ·········· 159

9.2　服装的绘制基础 ·········· 163

9.2.1 褶皱的绘制 ·········· 163

9.2.2 实例：牛仔衫和牛仔裤的表现 ·········· 164

9.2.3 实例：梦幻连衣裙的表现 ·········· 166

9.2.4 实例：萌酷盔甲的表现 ·········· 168

9.3　道具的绘制基础 ·········· 170

9.3.1 道具的分类 ·········· 170

　　　　9.3.2　道具与角色的搭配 ································· 170

　　　　9.3.3　实例：生活道具 ································· 171

　　　　9.3.4　实例：武器道具 ································· 171

　　9.4　不同风格的服装与道具设计实例 ················· 172

　　　　9.4.1　实例：可爱型的服装与道具组合 ········· 172

　　　　9.4.2　实例：青春型的服装与道具组合 ········· 174

　　　　9.4.3　实例：成熟型的服装与道具组合 ········· 176

第 10 章　精灵魔怪的绘制

　　10.1　精灵与魔怪绘制的区别 ································· 177

　　10.2　实例：精灵角色与场景的设计 ················· 177

　　10.3　实例：魔怪角色与场景的设计 ················· 181

第 11 章　场景绘制的技巧

　　11.1　场景在动漫中的作用 ································· 185

　　11.2　场景的空间表现 ································· 186

　　11.3　场景的构图方法 ································· 187

　　11.4　实例：场景氛围的营造 ································· 188

　　　　11.4.1　色调的控制 ································· 189

　　　　11.4.2　材质的表现 ································· 190

　　　　11.4.3　光影的表现 ································· 191

　　11.5　实例：四季场景的表现 ································· 192

　　11.6　实例：虚拟场景的绘制 ································· 193

　　11.7　实例：角色与场景的绘制 ················· 195

第 12 章　为动漫元素上色

　　12.1　色彩在影视动漫中的重要性 ················· 198

　　12.2　色彩的对比 ································· 200

　　12.3　色彩的搭配 ································· 201

　　12.4　实例：动漫角色的上色技法 ················· 202

　　12.5　实例：动漫场景的上色技法 ················· 205

01

理论知识

第 1 章

理论概述

本章主要内容

◆ 影视动漫的发展　　◆ 动漫的构成要素　　◆ 动漫的动画原理　　◆ 动画的运动规律

1.1　什么是动漫

动漫是动画和漫画合称的缩写，是一个合成名词。

动画是指逐帧拍摄许多帧静止的画面，然后进行连续播放而形成的活动影像，如美国动画片《米奇老鼠》、中国动画片《喜羊羊与灰太狼》、日本动漫《火影忍者》等。由漫画改编的动画片，如漫画改编版《龙珠》或者由小说、游戏、歌曲等任何其他形式的作品改编而来的作品，以及只要播放形式是TV、OVA、OAD、剧场版等的作品，都属于动画，如图1-1所示。

《米奇老鼠》

《喜羊羊与灰太狼》

《火影忍者》

漫画改编版《龙珠》

图1-1

漫画是指通过虚构、夸张、写实、比喻、象征、假借等不同手法，来描绘图画并述事的一种视觉艺术形式。它是一种静态的影像，没有声音，也没有连续的帧移动，但是可以加上文字、对白、象声词等来辅助读者理解。漫画不是动画影片，没有声音，但具有述事的功能，能表达一个概念或故事，而且漫画一般不会采用全写实的效果，因此它不同于一般的风景画、人物画、速写写生等写实画。漫画通常要搭配文字，但不会以文本或小说为主体，区别于文学图书或绘本中附的插图。

1.2　影视动漫的发展

影视动画的发展源于"视觉暂留"理论。1892年，法国的埃米尔·雷诺首次在巴黎著名的葛莱凡蜡像馆向观众放映光学影戏，标志着动画的正式诞生。

赛璐珞的发明推动动画进入了跨时代的新发展，透明的赛璐珞片可以使单一背景上的同一场景反复使用，将背景放置在最底层，其他层次按照由远及近的次序由下往上排列完成拍摄，如图1-2所示。

20世纪70年代，计算机动画出现，它是目前发展最快的艺术媒体。随着新媒体技术的发展，计算机动画逐步压缩手绘动画的空间，手绘动画占据主要地位的时代一去不复返。计算机动画受到追捧，并广泛应用于电影特效、片头、影视广告等各个领域。手绘动画的制作数量和范围远远低于和小于计算机动画，计算机动画给传统手绘动画带来极大的冲击，也为手绘动画提供了新的契机与新的探索方向，产生了新的艺术风格，如图1-3所示。

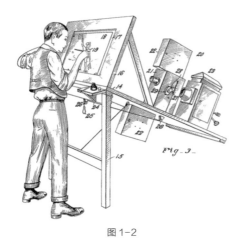

图1-2

图1-3

如今的大数据时代是真正的个人时代，计算机软件的操作非常便捷，动画短片制作不再像从前那样一定需要团队去制作，个人也能完成。在信息迅速传递的今天，网络上出现很多优秀的个人制作的动画短片。现今信息的传递使艺术更快、更准确地融入人们的日常生活，商业艺术无处不在，如广告、影视片头与片尾、平面设计、网络界面设计、商业插画等。每时每刻眼睛都会受到视觉冲击，每时每刻脑袋都在接受大量信息，是网络使信息快速流通。影视动漫的制作重视的是突破、超越，以及个人特色的表现，可以真正实现个人的艺术梦。影视动漫将以其独特的艺术语言在动画领域绽放出奇异的光彩。

无论是过去还是将来，动画的制作一定少不了"画"的存在，要想改变对技术运用的看法，就需要将技术操作融入丰富绚烂的艺术风格中，使影视动漫制作具有全新的艺术语言特点。

1.3　动漫的构成要素

动漫和大多数影片一样都有画面和声音，但动漫作品中的元素是由连续单帧画面构成的动画影像，所以它会比一般的影片多一个动作设计环节，即把静止的单帧图像处理成动画影像，因此动漫主要由图像、声音和动作3个要素构成。

1. 图像

影视动漫是视听的艺术，其中"视"是重要的组成部分，也就是动漫中的图像，"视"可分为角色造型和动画场景。

角色造型：动画片中的角色形象，是在现实生活的基础上，通过幻想虚构与高度概括创造出来的形象。动画片中的角色是通过外在特征和内在性格来诠释形象的，其内在性格也会通过夸张的外形，概括而鲜明地传达出来，如图1-4所示。

动画作品的灵魂就是角色的造型设计。优秀的动画角色可以凭借奇特和夸张的造型设计表达独特的个性和人生态度。通过其人文内涵，角色能被各个年龄阶层的人们所喜爱，从而产生巨大的商业价值。一部成功的影片，必须拥有成功的角色造型，因此角色造型是图像中的主体设计元素。随着时间的流逝，我们会逐渐忘记影片中的动画情节，但是生动有趣并且独特新颖的动画角色却可以很清晰地留在我们的记忆中。角色造型设计在整个影片中起到了决定性的作用。

动画场景：动画场景的设计首先要符合角色造型的风格，角色要与场景的位置、比例匹配好，同时要处理好角色动作与动画场景的关系。动画场景在塑造客观空间的同时，还承载着表现社会空间、心理空间的任务。它与动画情节、角色活动紧密联系在一起，与动画角色之间是互动的关系，因此不能仅将场景设计当成填补镜头画面空白的手段，如图1-5所示。

图1-4   图1-5

2. 声音

影视动漫中的"听"也是视听艺术中的重要组成部分，声音可以带动观众的情绪，使观众的情绪随着片中人物的情感而升温，随着剧情的演绎而展开，又随着剧情的结束回到现实中。影视动漫中的声音大致可分为3种：对白、音效和背景音乐。

对白可分为对话、旁白和画外音。对话是指动画角色之间的语言交流，每秒根据速度快慢说3~6个字；旁白看似是用来解释画面的，实则是画面内角色内心的写照；画外音是指画面以外，其他角色或者物体发出来的声音，可以带给画面空间感，展现画面内部和外部人物的情感交流。

影视动漫中的音效多模仿大自然中的声响，有的是在大自然中收集的，有的是在专业拟音室中采集并由软件处理得到的，如开门的声音、走路的声音、风的声音等。

背景音乐是指画面背后的声音，是通过演奏、演唱形成的，通常用来烘托气氛，也可用作两个场景之间的切换、转场，具有把两个时空连在一起的作用，可更好地抒发人们难以用语言表达的情感。

3. 动作

动画设计主要是对图像进行动作设计，它在影视动漫创作中是极其重要的。角色动作设计的好坏决定角色是否鲜活生动，是否具有生命力。表情动作的性格化、情绪化和特征化对角色的塑造和剧情的推动起着不可忽视的重要作用。在影视动漫中，角色的动作是表达和演绎角色的关键因素。角色的动作设计不仅是影片中塑造角色的重要手段，还是衡量动画片质量的重要标准，只有精细的动作设计，才能使动画角色栩栩如生。

动作设计必须根据不同角色的特征进行针对性设计，这样才能使各个角色的性格得以充分、合理地体现。动作设定的风格与造型风格、全片的艺术表现风格息息相关。先要确定动画作品的美术风格，主要分为写实和非写实两类，其中写实作为艺术的表现手段之一，具有简单通俗、直白易懂的特点。当观者看到真实的形象和场景时，就能毫不费力地从中领悟到作者想要表达的意图，并且容易产生"这个故事的确曾经在某一时间和空间发生过"的感觉，从而进入故事情节并产生情感共鸣，如图1-6所示。

图1-6

1.4 动漫的动画原理

19 世纪 30 年代，比利时科学家约塞佛发明了由一个旋转轴和一个圆盘制成的视觉玩具，它的边缘画着运动状态的连续画面，当圆盘转动时，就会给人一种运动的错觉。图 1-7 中的转盘画有 12 匹马，正好是马跑步的一个循环姿态。当转盘以每秒一圈的速度旋转，马就会运动起来，变成一匹不停奔跑的马。

玩具电视

图 1-7

动画的原理是把人物的表情、动作、变化等分解后画成许多动作瞬间的画幅，再用摄影机连续拍摄成一系列画面，在视觉上形成连续变化的图画。它的基本原理与电影、电视一样，都是视觉暂留原理。医学证明人类具有"视觉暂留"的特性，人的眼睛看到一幅画或一个物体后，在 0.1~0.4 秒内不会消失。利用这一原理，在一幅画还没有消失前播放下一幅画，就会给人造成一种流畅的视觉变化效果。

1.5 动画的运动规律

在动漫设计过程中，常见的动画运动规律主要包括时间、空间、速度、挤压和拉伸、节奏、惯性的概念及彼此的相互关系，从而使角色更加有生命力、表情更加丰富、性格更加真实。只有掌握好运动的规律，才能不断在动画中表现出更精彩的创意。

1. 时间

时间主要是物体完成动作所需要的时间。在想好某个动作后，一边做动作一边用秒表测量时间，对于无法做出的高难度动作，可以适当用手比划一些动作，也可以根据以往经验，用默算的方法，确定做完每一个动作所需的时间，如图 1-8 所示。

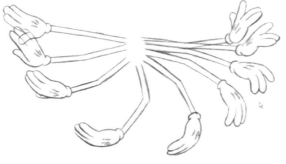

图 1-8

2. 空间

空间是指角色在画面上活动的范围和位置，也指一个动作的幅度和动作形象在每一张和每一面之间的距离。动画设计人员在进行动作设计时，对动作的幅度要比真人更夸张一些，使取得的效果更加鲜明和强烈。在对活动形象做纵深运动时，可以通过画面透视表现出不一样的距离。例如，角色从画面纵深处跑出来，由小到大的过程，正常需要十步，动画中只需五六步就可以达到效果，如图 1-9 所示。

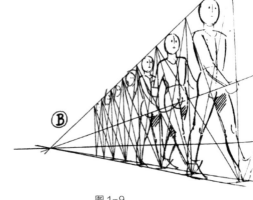

图 1-9

3. 速度

速度主要指物体运动的快慢，在同等距离情况下，运动速度越快，所需时间越短；速度越慢，所需时间越长。在现实生活中，物体在开始和停止时，会自然经历加速或者减速的过程，如果在中间适当加快速度，就会使整个动作更加饱满，如图 1-10 所示。

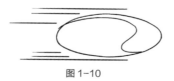

图 1-10

4. 挤压和拉伸

用图画的变换方式表现一个物体的移动，但形体不会发生改变，这样的动作就会显得僵硬。但有生命的物体，做每一个动作，都会出现很丰富的形态，如面部，为了表现得更具生命力，应该对唇部和眼睛等细节进行适当的挤压拉伸。因此，在表现物体移动时，我们要对其进行适当的变形，如图 1-11 所示。

图 1-11

5. 节奏

通常情况下，动画的节奏比其他类型的影片节奏稍快，且比生活中的节奏夸张，这里主要指动作的节奏。如果动作处理不当，就不能很好地调整节奏，就会出现快慢以及停顿不一致的地方，从而影响动画片的质量，使人感觉很别扭。

6. 惯性

根据物理常识，一切物体都有惯性，要注意动作的惯性，特别是跑步和翻跟头，要适当滑行一段距离才会停止，如图 1-12 所示。

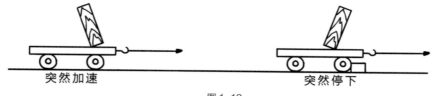

图 1-12

02

绘制前期工作

第 2 章
绘制前的筹备：定位和规划

本章主要内容

◆ 漫画的定位和规划　　　　◆ 漫画的绘制工具

2.1　整体定位

漫画作为独特的艺术门类，深受人们的喜爱，被称为没有国界的世界语。漫画被西方艺术评论家们誉为"第九艺术"，漫画艺术是通俗易懂、老少皆宜的，读者群体非常广泛。漫画创作的核心就是漫画的定位，从故事脚本到角色设定，定位都要贯穿整个漫画创作，才能做到"没有国界的世界语"。

一部好的漫画作品需要明确读者群，确立读者群的艺术感受力、价值观、心理需求，以满足社会期许与流行性的需求，从而确立风格和故事方向。漫画通过讽刺、歌颂、抒情、哲理、寓言和幽默等形式，来达到或讽刺或歌颂或启迪的目的。

漫画市场的定位分类方式有很多，下面分别介绍几种分类。

按用途分类：讽刺漫画、幽默漫画、实用漫画、实验漫画和宣传漫画等。

按形式分类：单幅漫画、多幅漫画、连环漫画、插图小说和漫画条等。

按色彩分类：黑白漫画、单色漫画和彩色漫画等。

按受众分类：儿童漫画、青年漫画、少年漫画和少女漫画等。

按风格分类：写实风格、半写实风格、肌肉风格、剪贴风格、简约风格和唯美风格等。

按漫画的内容分类：科幻类、神话类、竞技类、格斗类、冒险类、爱情类、侦探类、幽默类和恐怖类等。

2.2　创作清单的规划

每一个漫画创作者都会有一套自己的创作清单，绘制一幅完整的、优秀的漫画作品，通常会有一个创作的规划，这个规划就是整个漫画创作的流程。创作流程一般包括材料准备、漫画脚本创作、确定风格、人物设定、分镜绘制、线稿绘制、贴网点或上色、打对白稿、内容核对和制作出版等步骤。

2.3　分镜图的绘制工具

有了一个完整的创作规划后，就需要开始创作前的准备工作，准备工作中最重要的一步是绘制材料的准备，如笔、墨、纸、橡皮擦，以及一系列的辅助工具等。当然，并不是每一次创作前都需要把所有的绘制材料准备齐全，但为了在每一次都能顺利地进行动漫的绘制，最好提前备好。下面具体介绍一下这些绘制工具。

2.3.1　铅笔

绘图铅笔有两种，一种是自动铅笔，另一种是木杆铅笔。铅笔是我们开始学习绘画时最早接触到的画材，也是日后学习、工作中最普遍、最常用的画材之一，那么，我们应该如何选择铅笔的品牌呢？下面我们来认识一下市场主流的铅笔品牌。

1. 自动铅笔品牌

三菱、施德楼和樱花等，如图 2-1 所示。

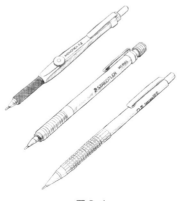

图 2-1

2. 木杆铅笔品牌

中华、马可（MARCO）、辉柏嘉（FABER-CASTELL）、施德楼（STAEDTLER）和得韵（DERWENT）。

中华牌铅笔：中华牌铅笔是中国老字号的铅笔品牌，也是我开始学习绘画时最早接触到的铅笔品牌。中华牌铅笔笔芯的表现可以和国际品牌相媲美，在国内广大美术爱好者心目中有非常深厚的感情和优良的口碑，是值得骄傲和自豪的民族品牌，如图 2-2 所示。

图 2-2

马可铅笔：马可是全球知名的铅笔品牌，现为全球最大木质类铅笔生产企业之一的安硕文教用品（上海）股份有限公司所拥有。马可铅笔自 1992 年问世就秉持"品质—安全—环保"的理念，兢兢业业经营近 30 年，将这一理念潜心融入"MARCO 品牌"产品的每个细节。

施德楼铅笔：来自德国，也同样是享誉世界的顶级画材品牌。其旗下蓝杆铅笔闻名全球，在工业制图方面，施德楼的自动铅笔、圆规等都是行业的标准。

德国辉柏嘉铅笔：它是现今世界上著名的书写及绘画工具，将最原始的书写工具——铅笔，摇身变成尊贵的、绘画专业人士必备的工具。

得韵铅笔：它由英国的坎伯兰公司生产，该公司距今已有 170 多年的历史，由家庭作坊生产方式发展成为如今的规模。铅笔制作是得韵最近几年才开始的，为了纪念得韵独特的历史，企业在工厂旁边设立了一间博物馆，里面珍藏许多铅笔制造业的早期产品，吸引了许多游客前来参观。

铅笔的辅助工具：削笔刀，如图 2-3 所示。

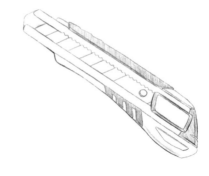

图 2-3

2.3.2 蘸水笔

蘸水笔也是手绘漫画必不可少的作画工具。它由金属笔头和笔杆组成，笔头可替换，绘画时可根据用笔力度和角度的不同，产生不同的粗细灵活的线条，通常用来上墨线。蘸水笔的种类较多，笔尖的粗细及形状各有不同，可以根据所画内容的不同选用不同笔尖粗细的蘸水笔，如图 2-4 所示。

G 笔：弹性大，线条粗细变化大，能画出有抑扬顿挫之感的线条，通常用于绘制人物的主线。

学生笔：弹性小，线条较细且粗细基本没有变化，多用于绘制背景、花纹和效果线。

哨笔尖：哨笔尖笔头上翘，容易控制线条粗细变化，能画出抑扬顿挫的线条，用于绘制人物的主线。

D 笔：弹性比 G 笔、圆笔小，线条变化中等，常用于画布料的质感。因不易挂纸，也常用于绘制各式效果线。

圆笔：弹性大，线条变化大，因线条很细，常用于进行细部描绘，如人物的眼睛、光泽的表现等。一些少女漫画直接用它来画，比 G 笔头更细腻、精致。

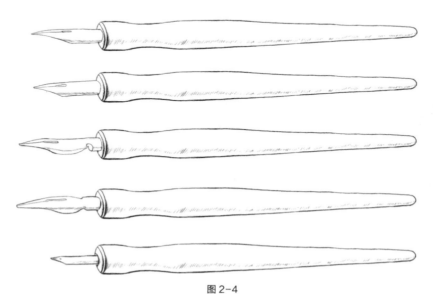

图 2-4

2.3.3　漫画专用墨水

漫画专用墨水常与蘸水笔配套使用，一般分为水溶性墨水和耐水性墨水，如图2-5所示。

水溶性墨水：多用于大面积上色，水溶性白色墨水可与其他颜色调和，提高颜料明度。

耐水性墨水：主要用来勾勒线稿，耐水性白色墨水可用来表现高光和修改画错的地方。

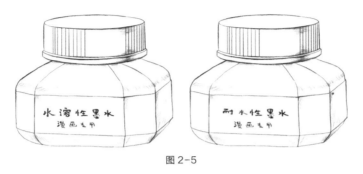

图2-5

2.3.4　针管笔

针管笔可以排列画出均匀细密的线条，不同型号的针管笔能画出不同粗细的线条，其中Brush针管笔是一种特殊的类型，可以画出有粗细变化的线条，很多朋友喜欢用它来勾线。Brush针管笔非常方便携带和使用，不像蘸水笔用起来那么麻烦，如图2-6所示。

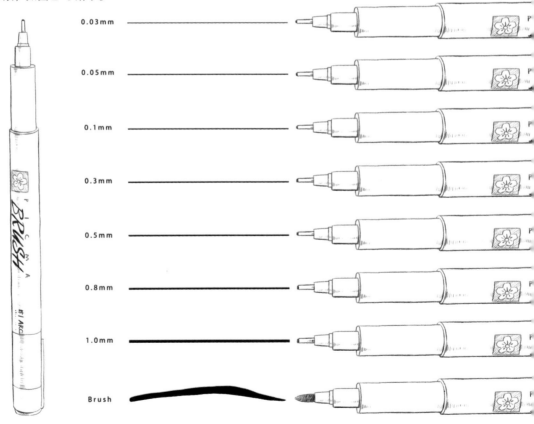

图2-6

2.3.5　水彩毛笔

水彩毛笔粗细种类多样，可用于勾线或大面积晕染等，如图 2-7 所示。

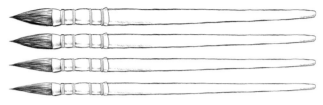

图 2-7

2.3.6　绘图用纸

绘图用纸用来绘制画稿。对纸的要求应是不管反复画多少次、擦多少次，都不起毛、不破损，用蘸水笔画的线不会晕染，最好选用棉度高而且表面光滑的稿纸。一般来说，专业漫画家常用漫画专用原稿纸、绘图纸、水彩纸、白卡纸等。

漫画专用原稿纸的四周均有刻度线，可以方便我们准确地绘制出分镜框，把握人物和场景的画面比例，纸内还有出血线、内框线和外框线，如图 2-8 所示。

漫画原稿纸有两种尺寸：A4 和 B4。

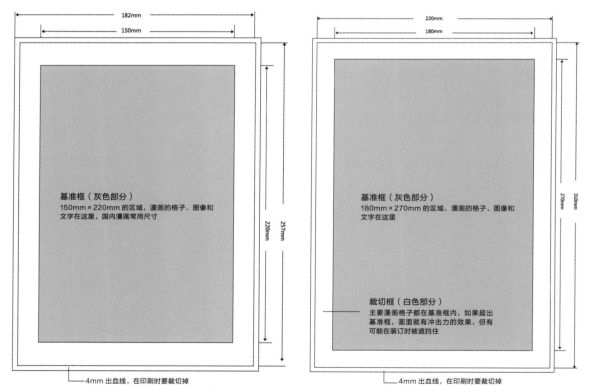

图 2-8

A4： 190mm×265mm，内框 150mm×220mm，裁切框 182mm×257mm。

B4： 228mm×318mm，内框 180mm×270mm，裁切框 220mm×310mm。

其他绘图用纸尺寸： 按照纸张的基本面积，将其规格分为 A 系列、B 系列和 C 系列。其中，A0 规格的尺寸为 841mm×1189mm，面积为 1m^2；B0 规格的尺寸为 1000mm×1414mm，面积为 1.5m^2；C0 规格的尺寸为 917mm×1279mm，面积为 1.25m^2。复印纸的幅面规格只采用 A 系列和 B 系列。若将 A0 纸张沿长度方向对开成两等份，便成为 A1 规格，将 A1 纸张沿长度方向对开，便成为 A2 规格，如此对开至 A8 规格；B8 纸张亦按此法对开至 B8 规格。A0~A8 和 B0~B8 的尺寸如图 2-9 所示，其中 A3、A4、A5、A6 和 B4、B5、B6 等 7 种规格为复印纸常用的规格。

规 格	A0	A1	A2	A3	A4	A5	A6	A7	A8
幅宽/mm	841	594	420	297	210	148	105	74	52
长度/mm	1189	841	594	420	297	210	148	105	74
规 格	B0	B1	B2	B3	B4	B5	B6	B7	B8
幅宽/mm	1000	707	500	353	250	176	125	88	62
长度/mm	1414	1000	707	500	353	250	176	125	88

图 2-9

2.3.7　橡皮类工具

硬橡皮： 可以擦去铅笔痕迹，凭借硬的特点，可以擦出清楚的白色线条，刻画高光时常常会用到，有意想不到的效果，如图 2-10 所示。

美术专用橡皮： 软硬适中，清理画面非常彻底，不会伤到纸面，如图 2-11 所示。

可塑橡皮： 用来处理画面的脏腻之处，轻轻压在面画上可吸取多余的碳粉。

纸擦笔： 用于面积小的地方，如在排好线的地方擦出衣服的纹理及花纹，也可以在画面上作出朦胧、柔润的效果。

纸巾： 用于大面积擦揉铅笔痕迹，使颜色自然过渡，更加柔和。

手指： 将铅笔痕迹擦揉均匀，优点是手更加灵活，可更好地控制力度，让画面过渡细腻，缺点是弄脏的手会不小心擦到画面上。

图 2-10　　　　　　　　　　图 2-11

2.3.8　辅助工具

辅助工具包括直尺、圆规、三角板、云尺和图形模板等，如图 2-12 所示。

图 2-12

2.3.9 网点纸

网点纸常用来上灰色调或做其他特殊效果用。网点纸的图案很多，最常用的是"灰网""渐变网"，还有一些"环境网"和"图案网"可配合使用。网点纸可分为纸网和胶网两种。

2.3.10 取景工具

取景工具包括相机、平板电脑、手机和速写本等，如图2-13所示。

图2-13

2.3.11 扫描仪

扫描仪可以把在纸上完成的图案扫描到计算机中进行编辑，如图2-14所示。

图2-14

2.3.12　拷贝台

拷贝台又叫透写台，是制作漫画、动画时的专业工具，主要由一个灯箱和一块毛玻璃或亚克力板组成。使用时将多张画稿重叠在一起，能很清楚地看到底层画稿上的图，可将其复制或者修改到第一张纸上。动画家可用其进行动作的分解（中间画），漫画家可用其将草稿描绘成正稿，并方便网点纸的使用，如图 2-15 所示。

图 2-15

2.3.13　无纸绘图

无纸绘图一般指利用计算机加数位板、触屏数位板、平板电脑等进行绘图工作，如图 2-16 所示。

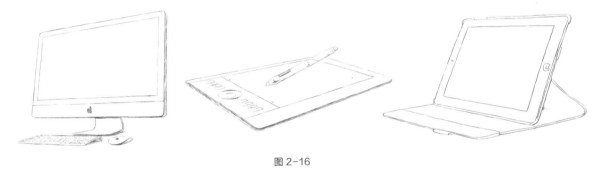

图 2-16

2.3.14　软件

一般的无纸绘图都需要利用计算机中的各种绘图软件来实现，如 Photoshop、Painter 和 SAI 等，用软件来绘图的优点是可以方便地在绘制过程中进行调试、修改，以及连续动作的创作等。

3 个软件根据使用者的情况不同大概区别如下。

Photoshop 的功能更倾向于图像的处理、编辑、拓展，虽说笔刷功能也在不断丰富，但使用重点始终还是编辑和处理功能。

Painter 软件力求使用者在计算机上可以用传统绘画技法进行数码艺术创作，强大的笔刷和笔触效果可以为艺术家提供和传统绘画几乎一样的体验。

SAI 是漫画创作专用的软件，具有强大的勾线功能，处理网点、集中线等十分方便。它更像是介于 Painter 和 Photoshop 之间的一种工具，既有 Painter 强大多样的笔刷工具，又有 Photoshop 的路径、多种编辑调节的拓展功能，体积小巧但是功能强大，为那些想更多地拓展创作与编辑的使用者提供一种快捷的一体化解决方案。

第 3 章
从基本功开始：线条、色彩和构图

本章主要内容

◆ 线条的风格和种类　　◆ 特殊线　　◆ 不同笔刷的应用　　◆ 特殊线　　◆ 色彩的分析和原理　　◆ 构图方式

　　本章主要介绍动漫绘制需要掌握的基本功，通过对漫画中的一些线条进行总结归纳，分析画漫画需要怎样思考、怎样描绘；同时还介绍了色彩的变化、构图的方式，以及如何制作 Photoshop 笔刷。掌握这些基本的技法，无论是对于基本功的提升，还是对于绘画的把控都会有很大的帮助。

3.1　线条的艺术

　　线条在自然界和生活中无处不在，可以说世间万物都是由线条构成的。这些美丽的线条能展现出大自然的婀娜多姿，同时还可以通过这些线条的形态、美感特征来传达某种思想情感。例如，曲折优美的梯田、跨海的大桥、挺拔的烈士塔、旋转的楼梯、飞舞的飘带等都可以让人感受到线条的艺术魅力，如图 3-1 所示。

图 3-1

　　作为一名动漫爱好者，在感受到线条的艺术魅力后，要学会提取这些优美的线条，并将其描绘在纸上，永久地记录下来。

　　下面看看名画家是如何提取线条的，以及线条是怎样变化的。其实好看的漫画往往是用最简洁的线条表现出来的，如图 3-2 所示。

　　线条是点运动的延续，纸上的一个点到一个点的运动路线就是线。任何一幅漫画都是由无数条线组合而成的。线条是漫画中最基本的造型手法。载体的不同、运笔的手法不同可以产生不同的线条。在画漫画时，打稿是用铅笔画线，完成稿是用墨笔画线，虽然工具不同，但对于线条的要求是相同的，只是打稿的铅笔线条最终会被擦掉，所以要求宽松一些，而对墨笔线条就要比较严格，讲究 4 点：准、挺、匀、活。

荆浩在《笔法记》中提出笔有四势：筋、肉、骨、气。筋指笔断意连，意到笔不到；肉指用笔圆润丰满；骨指用笔苍劲有力；气指用笔气韵贯通。四势有机结合起来，才能创造出生动的画面。

图 3-2

3.2 线条的表现风格和种类

线条有很多种，如直线、曲线，粗线、细线，光滑线、毛糙线，深线、浅线，硬线、软线，长线、短线，断断续续线、连点线或珠子线，凌乱线，横线、竖线等。不同的线条有不同的风格，也有多种不同的分类。在漫画中，根据不同风格的对象，会使用不同种类的线条来描绘，从而通过线条构成一种需要的风格。

3.2.1 线条的表现风格

1. 可爱风格

可爱风格主要表现为外轮廓线条较粗、圆润流畅、大小统一，多用于计算机绘制的矢量图，使用软件为Illustrator、CorelDRAW 等，如图 3-3 所示。

图 3-3

2. 写实风格

写实风格类似于素描，明暗分明，且具有体积感。特点是线条粗犷，造型夸张，具有大面积的调子，能用线条刻画质感，且人物结构线条很突出，粗细变化丰富。如《超人》《蜘蛛侠》《X战警》《辛普森一家》等，在线条的表现上更为夸张，如图3-4所示。

图 3-4

3. 唯美风格

唯美风格主要体现在日式漫画中，线条简洁到极点，但细小精致且有粗细变化，具有细腻、挺直、流畅等特点。线条多数是用蘸水笔（G笔、学生笔、哨笔尖、D笔、圆笔）勾画出来的，很像中国画中的白描线，如图3-5所示。

图 3-5

3.2.2 线条的种类

线条的形态可分为直线和曲线两种。

直线：包括平行线、垂直线、水平线、斜线和虚线等，具有简洁明了、直率的特点，能表现出一种力量美。水平线首先会让人联想到一望无际的大海、地平线等自然景象，给人平稳、沉着、宽阔、安静的感觉；垂直线有力度、稳定，能使人联想到树、电线杆、广场的旗杆、竹楼等，给人一种崇高的感受。因此，垂直线具有严肃、庄严、高尚、强直的特点。斜线会使人们想到起飞的飞机、起跑的运动员，因为重心转移，有一种速度感，如图3-6所示。

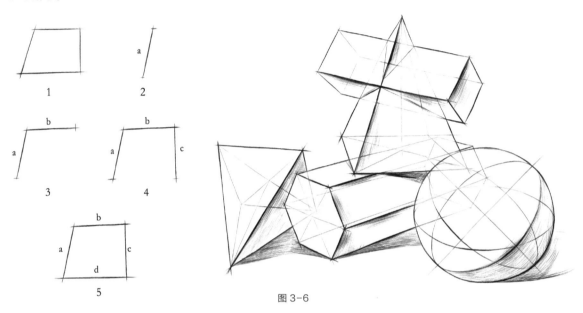

图 3-6

曲线：包括几何曲线和自由曲线。几何曲线包括弧线、双曲线、抛物线和波纹线等，具有圆滑、柔软、优雅、婉转、起伏、多变等特点，它是女性化的象征，具有一种动力和弹力的感觉。几何曲线是利用工具绘制而成的，具有对称的、秩序的、规整的美感。而自由曲线则是徒手画的一种自然延伸的线，它更加具有曲线的特征，自由而富有弹性，如图3-7所示。

图 3-7

3.2.3 线条的细分种类

在漫画中，线条细分为 4 种类型：记号线、辅助线、轮廓线和排线（调子）。

1. 记号线

漫画和其他画种一样，需要画师在对故事或物体进行观察和思考之后，再着手布局。先用短线定出图形的位置（也就是定位物体的中线、高度、长宽和画面的位置），然后用长线概括出图形的大体形状。例如，画人像的时候，往往用椭圆形来切出头形，用竖线在椭圆形上画出头部的主线，再用横线画出三庭五眼的位置。为了把物体的比例和位置画准确，往往要先在纸上画一个三角形，或长方形、正方形、椭圆形等。画素描时，这种记号线的方法是很常用的，如图 3-8 所示。

图 3-8

2. 辅助线

顾名思义，辅助线就是用来辅助主体元素的线条，也可以称为参考线。

线条还有不同的感觉和不同的使用手段，如垂直线表示平稳，水平线表示平滑，斜线表示运动。画家在画素描时，总是采用这 3 种线条作为造型的辅助线。当要确定物体的重心时，常常从力点开始向上画一根垂直线，用它来检查画中的物体是否稳定。在画一个对称的物体时，先画一根中轴线，然后画出两边的对称形状。有时还用垂直线来测量物体偏左还是偏右；用水平线测量两个物体之间的联系，看这两个物体哪个高哪个低，或测量同一个物体各个部分的高低差异；用斜线测量物体与物体之间或一个物体本身的倾斜程度，如图 3-9 所示。

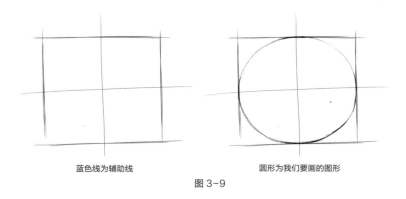

蓝色线为辅助线　　　　圆形为我们要画的图形

图 3-9

3. 轮廓线

外轮廓线： 指图形最外部的线条部分，在绘制人物外轮廓线时，适当将线条加粗一点，可以让人物更突出，但要注意线条必须工整、流畅，才会具有美感，如图 3-10 所示。

内轮廓线： 指描绘对象时勾勒的局部线条，内轮廓线应比外轮廓线细一些，在一些局部转折或光影明暗的交界线处，可加入一些更细的内轮廓线，以加强人物的体积感。

图 3-10

4. 排线

无数线条相对平行的并列排布叫作排线。利用不同的工具，熟练掌握各种不同的排线形式与方法，可以表现出丰富的调子层次和各种物体的质感。

排线的方向通常由右上方向左下方往返进行排列。这种方法与人的生理相适应，在素描中用得最多。也有自上而下，自左至右进行排线的。为了表现或者衬托某一个物体，往往是先按照它的边线形状进行排线，再由右上方至左下方进行排线，如图 3-11 所示。

> **注意**
>
> 针对面的形状、调子的深浅、物体的质感等不同，采用的排线方法也不同。一根根线条的轻重，直接影响画面深浅调子的变化。在排线时，要避免线条两端深、中间浅，要力求线条均匀。调子的获得不是一次排线所能达到的，常常需要多次排线才能成功。第二次排的线不要与第一次排的线相平行，否则势必造成部分线条重叠，使调子显得太深；而有些又会造成空白，使调子不均匀。要让前一次排线与后一次排线交错进行，使线与线交错成扁菱形。这样，线条多层排列就可以实现预想调子。

图 3-11

为了表现一个弧形面，可由深至浅或由浅至深进行排线，也可以采用由密至疏或由疏至密的方法进行排线，绘制钢笔画时常使用这种方法，如图 3-12 所示。

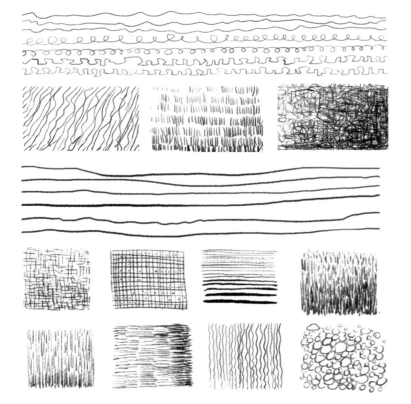

图 3-12

排线形式有：中锋、侧锋、平锋、粗线、细线、疏线、密线、长线、短线、排线后加擦再排线。

3.2.4　特殊线

　　本节介绍两种效果特殊的线条。在特殊情况下，需要强调视觉效果，突出某些内容，需要用到以下这些不一样的线条表现。

1.　集中线

　　当看到放射状的画面时，由于人眼的习惯，注意力自然会集中在线条的交点上，因此，在漫画中常用集中线或闪电效果线的表现手法增加画面上的紧张气氛，吸引读者的注意力。一般用直尺来画集中线，首先在想要读者注意的部分画上记号，然后以此记号为轴画放射状直线。诀窍是一定要用带笔锋的笔来画，使线条越接近中央越细，而且一定要一笔画完，也可在标记的地方钉上一个图钉，再用直尺紧靠图钉来画出集中线，去掉图钉后留下的针眼可以用白颜色涂平。闪电效果线的画法也是一样，首先设定留白的位置，然后画上大概的基准线，因为闪电效果线的集中效果稍差一些，所以线条的表现需比较细腻，如图 3-13 所示。

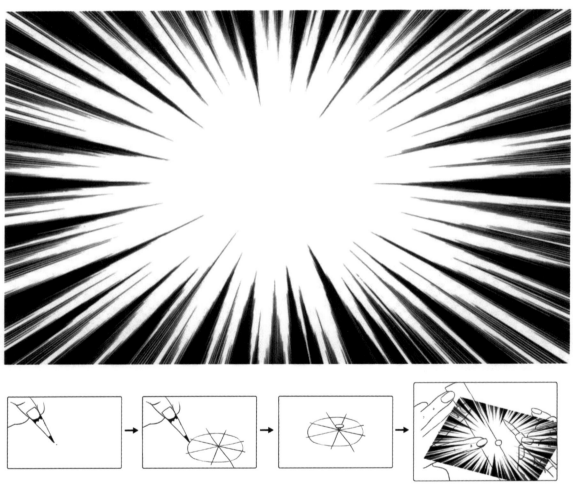

图 3-13

2. 网状效果线

有时为了烘托画面气氛，往往使用网状效果线，常用的网状效果线分为一至四重网。

一重网状效果线： 把画出的粗细、长短基本一致的线段组，按照倾斜方向组合起来，形成网状效果线，如图 3-14 所示。

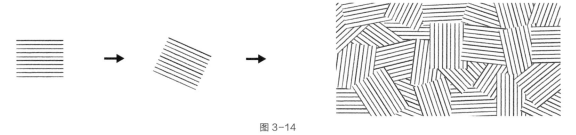

图 3-14

两重网状效果线： 永远保持画竖线的姿势，碰到横线就转变原稿的方向，画出一组垂直线段组的网格状效果线，如图 3-15 所示。

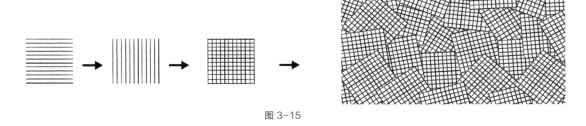

图 3-15

三重网状效果线： 先画出菱形图案，之后画出第三条线，最后形成一组每个角都是 60° 的正三角形图案的效果线，如图 3-16 所示。

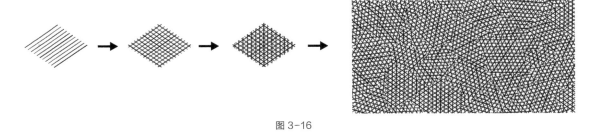

图 3-16

四重网状效果线： 与两重网状效果线画法相同，保持画竖线的姿势，碰到横线就转变原稿的方向，如图 3-17 所示。

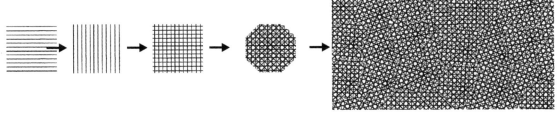

图 3-17

渐变的网状效果线：

● 同形状网状效果线的渐变：通过线条的疏密关系来表现渐变效果，其暗部用间隔较小的线条，然后逐渐扩大间隔。

● 不同形状网状效果线的渐变：从四重网状组合开始过渡到三重网状组合、两重网状组合、一重网状组合，然后在边缘处画散线，如图 3-18 所示。

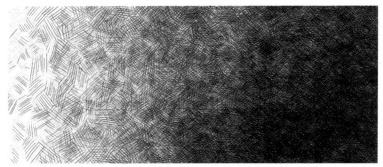

> **！注意**
>
> 当两片网状效果线拼接时，要让接点不重合又不至于脱离，这样看起来就很整齐，如果接点处出现线条较粗的部分，就要用白色颜料修改。

图 3-18

3.2.5　实例：通过勾线讲解线条的变换

漫画线条的特点有长短、粗细、方圆、曲直、轻重、虚实、疏密、聚散、顺逆徐疾和起伏等，下面通过一个人物勾线的过程来讲解勾线的要点。

这是一个三四岁的活泼小女孩，身高有 3 个头高，身穿夏天的衣服，一只手拿四叶草，另一只手摸着后脑勺，害羞又非常可爱地笑着。几只小蝴蝶围绕在小女孩周围翩翩起舞，整个画面动静结合，充满童趣感。最终效果如图 3-19 所示。

图 3-19

01 定好人物的整体姿态，这里用一条竖线（中轴线）定位人物的站姿，以及定出人物身体的高度和头的高度，底部是鞋与地面的接触线，最上面的线定位最高点，这就确定了画面的高度，如图 3-20 所示。

02 确定头的动态线。头部微微斜侧，暗示人物的一种思考的状态，然后用线切出头的外形，大概呈一个鸡蛋的形状，上面大，下面小。由于人物的定位是一个可爱活泼的小女孩，所以脸部会是圆嘟嘟的效果，如图 3-21 所示。

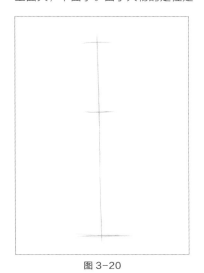

注意 描绘辅助线时，下笔要轻，并且线条最好是两头轻中间重。

图 3-20

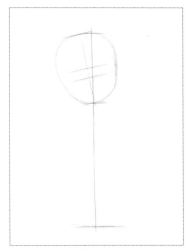

图 3-21

03 头部的大致形态出来后，用轻线在头部横向切出五官的位置，包括眼睛、鼻子、嘴、耳朵和眉毛。要注意眉毛大概在头部居中偏上的位置，上面留出的大部分空间是头发的位置。眼睛位置越偏下，整个脸部的效果就越呈圆形，所以要把控好脸部的可爱程度，就需要控制好眼睛和眉毛的位置，如图 3-22 所示。

04 大概定出人物的身体动作姿态，如图 3-23 所示。

注意 在勾勒人物的身体部分时，要注意站立的姿势是否端正，之前确定的中轴线只是大致定位人物的高度，并不是人物的绝对中心线，所以身体的位置需要根据人物头部的位置来确定。

图 3-22　　　　　图 3-23

05 接下来描绘细节，完善人物的结构。首先需要完善以下几个部分的结构，以便基本确定人物的姿态，主要是肩上背着的书包，手上拿着的花，脚上穿着的拖鞋，衣服上的口袋等，如图 3-24 所示。

06 增加一些有趣的辅助元素，如小蝴蝶，它可以增添画面的趣味性，让童趣更浓，如图 3-25 所示。

图 3-24

图 3-25

07 描绘头部的细节，勾勒出头部的发型，把头发顺滑的特点画出来。虽然人物是短发，但为了增强童趣感，可以画出头发飘动的感觉，还可以增加一个漂亮的蝴蝶结头饰，如图 3-26 所示。

08 把五官的细节画出来，注意人物的表情动态，需要配合人物的动作来描绘。这里要把人物的表情画成既调皮又开心笑着的状态。当然，也可以在地面上画一些花草来装饰画面，让画面更完整，如图 3-27 所示。

图 3-26

图 3-27

> **注意** 描绘头发飘逸感的技巧是，让头发的尖角部分有一些翘翘的、弯曲的效果。

09 人物草稿已经完成，人物的特点、动作和装饰物等都有了基本的形态，下面到了最关键的步骤，就是精准地勾线。勾线有一个技巧，首先把底稿不透明度调到20%，能看清底稿，再新建一个图层用来画头发和头饰，而不是描绘人物的全部。之后每绘制结构的一部分都需要新建一个图层，如图3-28所示。

10 绘制头发时要注意线条的粗细变化，如主线可以绘制得粗重些，其他线条可以绘制得细些，这样会使层次感更加分明。头发的线条需要绘制得流畅，才能显出头发的轻盈飘逸感，如图3-29所示。

11 绘制头饰时线条要比头发的线条硬些，其线条有少许棱角，表现出布的褶皱感，还有布上的花纹，都需要画得比头发的线条硬朗些，尤其是要强调一下外轮廓线，画得粗重些，目的是将其与头发区分开，如图3-30所示。

图 3-28

图 3-29

图 3-30

12 这是人物的正面，头部稍微歪向一侧，脸部也画得圆圆的，像个苹果，也就是传说中的"苹果脸"。这种脸型的绘制要点是，下巴要画得小一些，下巴线和耳朵交接处要画得重一些，主要是凸显头部的体积感。另外，脸部的线条一定要画得圆润些，这是画人物脸部最关键的地方，如图3-31所示。

13 下面描绘人物的眼睛，眼睛一只是闭着的，另一只是睁开着的，而且眼睛是大大的，好像和你打招呼的样子，这样童真感会强一点。眼珠的描绘一般只在瞳孔部位留一个白色圆点出来，作为眼珠的高光，这样会让眼睛显得亮晶晶、水汪汪的。鼻子通常只需简单地描绘，这里只画了一条弯曲的线条，代表凸起的鼻子。嘴巴通常是描绘一条上唇线和一条下唇线，定位整个嘴巴的大小，如图3-32所示。

图 3-31

图 3-32

14 画脖子时要注意转折的地方，要根据人体结构来刻画，女孩要特别注重锁骨。由于人物的衣服是夏天的服饰，因此衣服的褶皱会比较少，线条也是比较轻松的（褶皱的表现技法会在 9.2 节中详细讲解）。因为书包的材质比较硬，所以书包的线条比较硬朗，如图 3-33 所示。

| ⚠ 注意 | 在描绘可爱风格人物的皮肤部分时，包括手和脚等，线条一定要流畅顺滑。 |

图 3-33

15 人物的线条大体描绘出来了，下面要给画面增加一些对比效果，让画面更有层次感。首先在衣服、鞋子和书包上增加一些纹理，让画面有疏密对比关系。另外，增加一些花草，线条画得密集点，这样可以让画面重心处在脚部的地面上，人物也不会有腾空感，如图 3-34 所示。

16 两只飞舞的小蝴蝶很好地弥补了画面太空的问题，同时也增加了画面的趣味性，如图 3-35 所示。

17 进行整体的细调，首先需要将外轮廓线画得更突出一点，结构部分交接的位置要进行强调，增强人物的体积感。

至此，可爱的人物便跃然纸上了，如图 3-36 所示。

图 3-34

图 3-35

图 3-36

3.3　不同笔刷的应用

用户也可以自己设计画笔存放在 Photoshop 里，配合手写板使用，效果非常接近实际画笔。Photoshop 内置了各种形态的画笔，可大大提高作画效率。我们若想熟练地使用笔刷，首先要了解画笔工具的功能。

首先按组合键 Ctrl+N 新建 Photoshop 文档，在弹出的对话框中设置文件大小、分辨率、颜色模式、背景内容等。完成后单击画笔工具按钮，Photoshop 默认是使用前景色绘画的，按住 Shift 键可绘制直线，也可以在不同地方单击绘制折线，如图 3-37 所示。

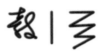

图 3-37

3.3.1　画笔预设

单击画笔预设右侧的黑色三角形箭头，可打开画笔预设面板，在其中可以设置画笔的大小、硬度和基本形态，如图 3-38 所示。

大小： 可设置画笔的大小，数值越大，直径就越大。

硬度： 可设置画笔边缘的柔化程度，数值越高，画笔边缘越清晰，如图 3-39 所示。

图 3-38

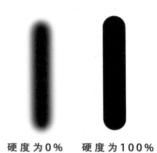

硬度为0%　硬度为100%

图 3-39

不透明度： 用于设置画笔工具所绘颜色的不透明度（取值范围为 1%~100%），值为 100% 时直接绘制前景色，数值越大，前景色透明程度越强，值为 1% 时完全透明，不同值的对比效果如图 3-40 所示。单击参数右侧的三角形按钮将弹出控制滑杆，拖动滑块可根据需要设置不透明度，也可以直接在文本框中输入数值，如图 3-41 所示。

图 3-40

图 3-41

启用喷枪：单击工具选项栏中的"喷枪"按钮后，使用画笔工具绘画时，按住鼠标左键停顿在某处，喷枪中的颜料会源源不断地喷射出来，停顿的时间越长，该位置的颜色越深，所占的面积也越大。

流量：流量决定了喷枪绘画时颜色的浓度，当值为 100% 时直接绘制前景色，该值越小，颜色越淡。但如果在同一位置反复上色，颜色浓度则会产生叠加效果。

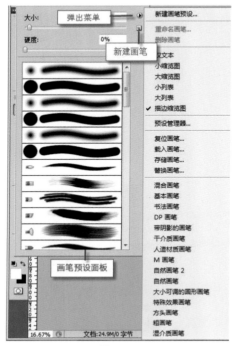

图 3-42

画笔预设面板：面板中存放着各种形态的画笔，单击即可选取所需的画笔，如图 3-42 所示。

下拉菜单：单击右上角的黑色三角形按钮弹出下拉菜单，该菜单中的命令主要用于改变画笔显示方式、删除画笔、创建新画笔、改变画笔的名称和载入画笔等。

下面介绍几个常用的命令。

1. 新建画笔预设

选择一个画笔后，修改好该画笔的大小和硬度，然后单击面板中的"新建画笔"按钮，弹出"画笔名称"对话框，输入其名称，确定后即可将修改好的画笔创建为一个新画笔，并存放在画笔预设面板中，可随时选择使用，非常方便，如图 3-43 所示。

图 3-43

2. 载入画笔

执行"载入画笔"命令后，弹出"载入"对话框，如图 3-44 所示。在其中选择画笔文件，单击"载入"按钮后，新增的一组笔画将放置在画笔预设窗口的下端。

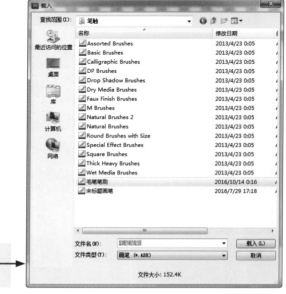

图 3-44

3. 删除画笔

一共有 3 种方法可删除画笔：

- 在画笔预设面板中用鼠标右键单击需要删除的画笔，在弹出的快捷菜单中选择"删除画笔"命令；
- 按下 Alt 键后，鼠标指针显示为剪刀形状，直接单击需要删除的画笔；
- 在画笔预设面板中选择需删除的画笔，单击右上角的三角形按钮，执行"删除画笔"命令。

4. 创建个人画笔预设库

通过"新建画笔"和"删除画笔"命令，使画笔预设面板中只保留用户所需的画笔，然后执行"存储画笔"命令，即可将当前预设面板中的所有画笔保存成一个画笔文件（*.abr）。

下拉菜单中还有很多画笔，读者可以逐个尝试，如书法画笔、人造材质画笔、基本画笔、方头画笔和混合画笔等，多尝试、多练习才能做到心中有数，想要什么画笔就能找到什么样的画笔。

3.3.2 "画笔"面板

绘画时经常需要设计一些符合当前绘画要求的画笔，或对当前所选的预设画笔进行高级修改，这时都需要用到"画笔"面板。要调出"画笔"面板，可以单击工具选栏右侧的"切换画笔面板"按钮，也可以执行菜单命令"窗口"＞"画笔"（快捷键 F5）。

1. "画笔笔尖形状"选项

"画笔"面板中提供了 12 类选项用于改变画笔的整体形态。要调出某一选项，通常先在"画笔"面板中重新选择一种普通的圆形画笔，再选择"画笔笔尖形状"选项即可。面板中的选项可改变画笔大小、角度、硬度和间距等属性，如图 3-45 所示。

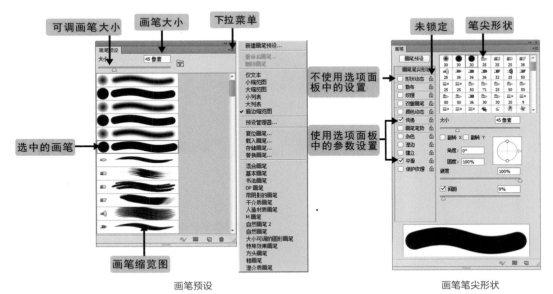

图 3-45

启用画笔笔尖形状属性：选中复选框，可以对画笔属性进行参数设置。

取消画笔笔尖形状属性：取消选择复选框，可以取消相应属性。

大小： 控制画笔大小，可在文本框中输入数值或拖动滑块进行调整。

翻转 X/ 翻转 Y： 水平翻转画笔和垂直翻转画笔，如图 3-46 所示。

默认画笔形状　　　　翻转 X　　　　　　　翻转 Y　　　　　　同时翻转 X/Y

图 3-46

角度： 用于定义画笔长轴的倾斜角度，可以直接输入角度值，也可以用鼠标拖动右侧预览图中的水平轴或垂直轴来改变倾斜角度，如图 3-47 所示。

圆度： 定义画笔短轴和长轴之间的比例，可以直接输入百分比值，也可以在预览框中拖动两个圆形控制点。取值 100% 时为圆形画笔，取值 0% 时为线性画笔，取值介于两者之间时为椭圆形画笔，如图 3-48 所示。

图 3-47　　　　　　　　　　　　　　　图 3-48

硬度： 控制画笔边缘的柔软程度，如图 3-49 所示。可直接输入数字，也可拖动滑块来进行设置。注意：不能更改样本画笔的硬度。

间距： 控制描边时两个画笔笔迹之间的距离，如图 3-50 所示。

辅助键： 使用预设画笔时，按 [键可减小画笔直径，按] 键可增大直径。对于硬边圆、柔边圆和书法画笔，按 Shift+[组合键可减小画笔硬度，按 Shift+] 组合键可增加画笔硬度。

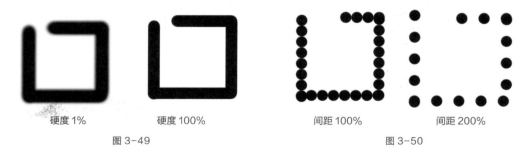

硬度 1%　　　　　硬度 100%　　　　　　间距 100%　　　　　间距 200%

图 3-49　　　　　　　　　　　　　　　图 3-50

2. "形状动态"选项

"形状动态"选项决定画笔笔迹的随机变化，可使画笔粗细、角度、圆度等呈现动态变化，如图 3-51 所示。

每种动态元素都由抖动和控制两个参数来控制。

抖动： 根据百分比值来确定画笔动态元素的随机程度。值为"0%"时，在画笔绘制过程中元素不发生变化；值为"100%"时，画笔绘制时动态元素变化程度最大。

控制： 在下拉列表中选择以何种方式控制动态元素的变化，共包括 5 个选项：关（不控制抖动）、渐隐（在指定步长数内控制抖动），如果安装了手写笔等数字化设备，还可通过钢笔压力、钢笔斜度和光笔轮控制抖动。

● 大小抖动和控制：指定画笔在绘制线条的过程中，笔迹大小的动态变化，如图 3-52 所示。

图 3-51

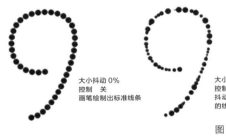 

大小抖动 0%
控制　关
画笔绘制出标准线条

大小抖动 100%
控制　关
抖动值越高，画笔绘制出
的线条轮廓越不规则

大小抖动 100%
控制　渐隐 90
画笔绘制的线条在 90 步
内渐渐消失

图 3-52

● 最小直径：设定在画笔抖动的过程中，画笔直径可以缩放的最小尺寸。

● 倾斜缩放比例：仅对"钢笔斜度"控制有效，用于定义画笔倾斜的比例。

● 角度抖动和控制：指定在绘制线条的过程中，画笔笔迹倾斜角度的动态变化，如图 3-53 所示。

● 圆度抖动和控制：指定在绘制线条的过程中，画笔笔迹圆度的动态变化，如图 3-54 所示。

● 最小圆度：设定在画笔抖动的过程中，画笔直径可以缩放的最小圆度。

角度抖动 0%　控制　关
画笔绘制出标准线条

角度抖动 100%　控制　关
画笔随机旋转角度

角度抖动 100%　控制　渐隐 9
画笔在 9 步内产生 0°~360°变化

角度抖动 100%　控制　渐隐 29
画笔在 29 步内产生 0°~360°变化

图 3-53

圆度抖动 0%　控制　关
画笔绘制出标准线条

圆度抖动 100%　控制　关
画笔随机增加或缩小圆度

圆度抖动 0%　控制　渐隐 16
画笔在 16 步内渐渐缩小圆度

圆度抖动 100%　控制　渐隐 16
画笔随机缩小圆度

图 3-54

3. "散布"选项

散布： 指定在绘制线条的过程中，画笔笔迹的分散程度，如图 3-55 所示。

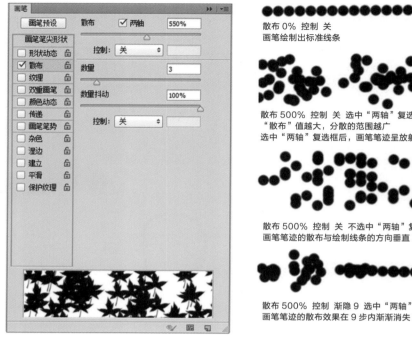

散布 0% 控制 关
画笔绘制出标准线条

散布 500% 控制 关 选中"两轴"复选框
"散布"值越大，分散的范围越广
选中"两轴"复选框后，画笔笔迹呈放射状散布

散布 500% 控制 关 不选中"两轴"复选框
画笔笔迹的散布与绘制线条的方向垂直

散布 500% 控制 渐隐 9 选中"两轴"复选框
画笔笔迹的散布效果在 9 步内渐渐消失

图 3-55

数量： 指定在绘制线条的过程中，分散色点的数量，如图 3-56 所示。

数量抖动和控制： 指定在绘制线条的过程中，笔迹散布的数量动态变化，如图 3-57 所示。

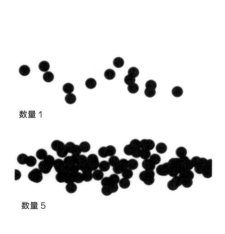

数量 1

数量 5

图 3-56

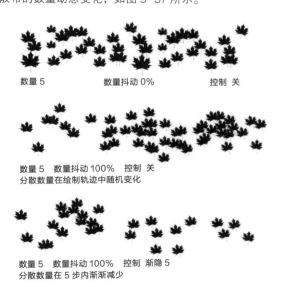

数量 5 数量抖动 0% 控制 关

数量 5 数量抖动 100% 控制 关
分散数量在绘制轨迹中随机变化

数量 5 数量抖动 100% 控制 渐隐 5
分散数量在 5 步内渐渐减少

图 3-57

4. "纹理"选项

启用"纹理"选项，可使画笔绘制出的线条中包含各种纹理，"纹理"选项如图3-58所示。单击纹理图案右侧的黑色三角形，弹出图案预设面板，在其中可以选取不同的图案纹理。在面板菜单中可以选择 Photoshop 自带的一些预设图案组，执行"载入图案"命令，还可载入用户由其他途径获得的图案文件（*.pat）。

未使用纹理画笔　　使用纹理画笔

> **注意**
>
> 纹理仅改变前景色的明暗程度，不会改变画笔的颜色。画笔的颜色仍由前景色控制。

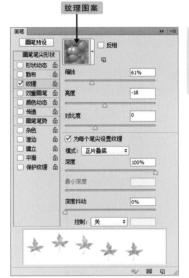 

图 3-58

反相：选中后，使纹理明暗区反相，原始的亮区变成暗区；原始的暗区变成亮区。

缩放：通过拖动滑块或直接输入数值，使纹理在笔画中缩小或放大。

为每个笔尖设置纹理：将纹理单独应用到画笔绘制的每个笔迹中，只有选中该选项，才能使用"最小深度"和"深度抖动"参数。

模式：设置图案纹理与前景色的混合模式。

深度：设置图案的对比度，数值越大，画笔中的图案纹理越明显；数值越小，图案纹理越浅，前景色越明显。

最小深度：画笔中图案纹理的最小深度。

深度抖动和控制：指定在绘制线条的过程中，图案纹理的深度动态变化。

5. "双重画笔"选项

该选项可使两个画笔叠加混合在一起绘制线条。使用方法是先在画笔面板的"画笔笔尖形状"选项中设置主画笔，再在"双重画笔"选项中选择并设置第二个画笔，这样第二个画笔被应用在主画笔中，绘制时会使用两个画笔的交叉区域作为有效区域，如图3-59所示。

主画笔　第二个画笔

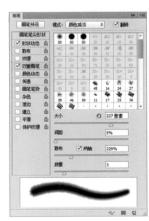

图 3-59

6. "颜色动态"选项

该选项可设置画笔在绘制线条过程中的颜色动态变化，如图3-60所示。

在默认情况下使用前景色绘制

前景／背景抖动
在绘制过程中随机使用前景色或背景色

色相抖动
在绘制过程中随机使用颜色

饱和度抖动
在绘制过程中随机改变前景色的饱和度

亮度抖动
在绘制过程中随机改变前景色的亮度

图 3-60

前景／背景抖动： 绘制线条时，颜色在前景色和背景色之间随机变化，该数值越大，线条颜色使用背景色越多。

色相抖动： 绘制线条时，颜色随机变化，数值越大，用到的颜色就越多。

饱和度抖动： 随机改变前景色的饱和度，数值越大，前景色饱和度的变化程度越大。

亮度抖动： 随机改变前景色的亮度，数值越大，前景色亮度的变化程度越大。

纯度： 用于设置颜色的纯度，数值越小，颜色越接近黑白两色；数值越大，前景色和背景色越接近于原始颜色。

7. "传递"选项

设置在绘制线条的过程中，画笔颜色的不透明度和流量，如图 3-61 所示。

不透明度抖动： 该数值越大，颜色不透明度的变化越多。

流量抖动： 该数值越大，绘制出的线条就越不连续。

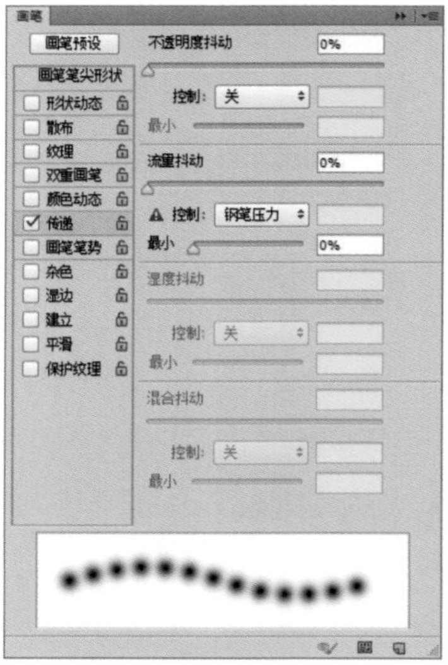

8. "画笔笔势"选项

"画笔笔势"选项用于调整画笔的笔势，可调整画笔的倾斜 X、倾斜 Y 的百分比值，旋转角度和压力值。

图 3-61

9. 其他选项

"画笔"面板中还有 5 个选项，这些选项没有提供参数，只需选中相应复选框即可使用效果。应用效果如图 3-62 所示。

杂色： 在画笔上添加杂点，从而制作出粗糙的画笔，对柔边画笔尤其有效。

湿边： 使画笔产生水笔效果。

建立： 启用喷枪样式的建立效果。

平滑： 使画笔绘制出的曲线更流畅。

保护纹理： 使所有应用了纹理的画笔有相同的纹理图案和缩放比例。

图 3-62

10. "画笔"面板的快捷键

删除画笔： 按住 Alt 键并单击要删除的画笔。

重命名画笔： 双击画笔。

显示画笔的精确十字线： 按大写锁定键 Caps Lock。

切换喷枪选项： 按快捷键 Shift+Alt+P。

3.3.3　模式

在"模式"下拉列表中，设置画笔工具的绘画模式，不同的绘画模式将产生不同的绘制结果，如图 3-63 所示。

图 3-63

Photoshop 的绘画工具、填充工具与修复工具均有"模式"选项，该参数用于确定当前绘制的颜色与图像中原有的底色以何种形式进行混合，从而产生另外一种特殊的颜色或图像效果，如图 3-64 所示。在图层中也有相同的模式设置（图层混合模式），相比之下在图层中使用这些模式将更有利于读者了解各种模式对图像的影响，因此本书将在图层章节中再进行绘画模式的讲解，在此使用默认的"正常"模式即可。

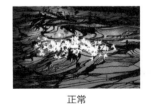
正常

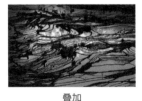
溶解 叠加

排除

图 3-64

3.3.4　实例：制作笔刷

本实例主要是介绍在 Photoshop 里如何制作笔刷，前面已经讲解了画笔工具的全部功能，本节通过一个实例来了解笔刷是怎样制作的。

要制作一款毛笔笔刷，首先需要了解毛笔的真实效果，笔触有浓有枯，有纹理，还有飞白等特点，记住这几个特点，有利于准确地制作笔刷。这里需要配合数位板画出所需的毛笔效果，如图 3-65 所示。

图 3-65

01 打开 Photoshop 软件，再打开一张图片（事先尽可能准备好高清的图片，以保证笔刷放大后足够清晰），用选框工具框选图片中需要的部分，如图 3-66 所示，然后在菜单栏上选择"编辑">"定义画笔预设"命令。

02 在弹出的"画笔名称"对话框中给画笔命名，再单击"确定"按钮。

03 在菜单栏中选择"窗口">"画笔预设"命令，调出"画笔预设"面板，在面板中可以看到定义好的笔刷，选中画笔，在画面中随意画一下，测试画笔是否满意，这里的效果不是所需要的，如图 3-67 所示。

图 3-66

图 3-67

04 打开画笔面板，在"画笔笔尖形状"选项中，可以看到当前的笔尖大小为 328 像素，对于一般 CG 绘画来说太大了，把画笔大小调整为 100 像素，间距为 1%，如图 3-68 所示。

05 激活"形状动态"选项，并调整参数：大小抖动为 5%（笔尖大小变化的随机值，值越小变化越轻微）；大小抖动控制选择"钢笔压力"选项（需要压感笔支持，一般在 Photoshop 里通过选择该项来测试是否有压感）；角度抖动控制选择"初始方向"选项（根据每次下笔时的走向决定笔尖角度）；圆度抖动为 20%（笔尖形状变扁的随机量，值越大变扁的概率越大），如图 3-69 所示。

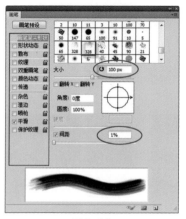

图 3-68

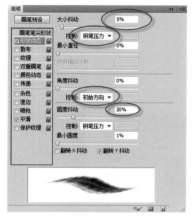

图 3-69

06 同时激活"纹理"选项。首先选择一张质感不错的纹理（可以选择一张类似的纹理，也可以直接截取现成的图定义成图案来使用），如图 3-70 所示。将纹理缩放设置为 5%（纹理的大小比例），纹理模式设置为"实色混合"（纹理与画笔的混合方式，可以多测试下其他混合方式），纹理深度设置为 14%（纹理混合强度），效果如图 3-71 所示。

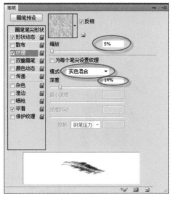

图 3-70   图 3-71

注意 这里可能会出现画出来的效果不一样的情况，下面简单介绍一下如何定义图案。首先用Photoshop打开一张纹理图，框选图片，尽量保证框选区域是无缝拼接的，然后在菜单栏中选择"编辑">"定义图案"命令，命名并保存即可。

07 激活"双重画笔"选项，模式为"颜色减淡"（两支画笔的混合方式，可以多测试下其他混合方式）；选择一种有纹理质感的笔刷，这支画笔系统默认是没有的，可以按照前面定义笔刷的方法先定义好，"双重画笔"选项中就会出现定义好的笔刷，笔刷图案如图 3-72 所示。

画笔的参数设置如图 3-73 所示，大小为 33 像素，间距为 41%，散布为 30%。在画面中随意画一下，可以看到笔刷质感更强烈了，越来越接近所需的效果了，如图 3-74 所示。

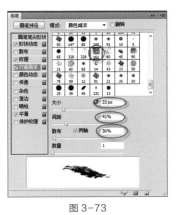

图 3-72   图 3-73   图 3-74

08 继续激活"传递"选项（低版本 Photoshop 中叫"其他动态"），参数设置如图 3-75 所示。将流量抖动设为 20%（每个笔画不透明度的随机量），流量抖动控制选择"钢笔压力"选项（通过压感笔来控制每个笔尖的不透明度）。

09 注意下笔时要有快慢轻重的处理，轻的时候会有飞白，重的时候墨会很浓，同时会带有细腻的纹理效果，如图 3-76 所示。

建议选中"喷枪"选项，可使笔尖不断地产生墨水，停顿时间越长喷得越多，停顿时间越短喷得越少，符合现实中毛笔上的墨水渗透宣纸的特点，如图 3-77 所示。

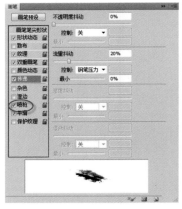

| 图 3-75 | 图 3-76 | 图 3-77 |

10 保存画笔预设。单击"画笔"面板右下角的"保存预设"按钮,弹出"画笔名称"对话框并命名,如图 3-78 所示。保存为笔刷 .abr 文件,保存后在"画笔预设"面板中可以看到定义好的笔刷。接下来要将预设保存为 .abr 笔刷文件以备以后调用,单击"画笔预设"面板右下角的"预设管理器"按钮,弹出"预设管理器"窗口,如图 3-79 所示。单击"存储设置"按钮,在弹出的"存储"对话框中为笔刷文件命名,选择保存路径,单击"保存"按钮,如图 3-80 所示。

图 3-78

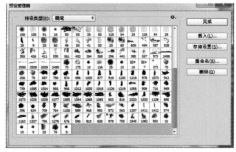

图 3-79

图 3-80

50

3.4 色彩的分析和原理

色彩在任何绘画中都是重要的因素，动漫作品更离不开色彩，没有色彩的动漫作品是不完整的作品。而要很好地利用色彩，必须要了解色彩的相关基础知识，这样才能准确地表达出任意色彩的属性。

3.4.1 色彩的由来

17 世纪，英国物理学家牛顿利用三棱镜将太阳光分为七色光带，七色按红、橙、黄、绿、蓝、靛、紫的顺序依次排列，极像雨过天晴时出现的彩虹。同时，七色光束如果再通过一个三棱镜还能还原成白光。这条七色光带就是太阳光谱。该实验揭开了色彩来源于光的奥秘。人们只有凭借着光才能看到物体的形状和色彩，有了光才有了人的色彩感觉，从而获得了对客观事物的认识。因此，色彩是光刺激人的眼睛产生的视觉反应。物体在光的照射下所呈现出的颜色就是物体色。各种物体由于大小不同、形状各异、质感差别等，均具有选择性地吸收、反射、透射光的特性，而它所反射的色光即是该物体的固有色。

3.4.2 色彩的基本原理

1. 三原色

红、黄、蓝称为三原色。原色是指在颜色系统中，某一色彩不能再进行分解，也就是说，在色料混合中，红、黄、蓝这 3 种基本色，不可能用其他颜色调配出来。三原色是色彩中最纯正、鲜明、强烈的基本色，可以调配出其他各种色相的色彩。

由两种原色混合而产生的色彩称为间色，即红调黄得橙，黄调蓝得绿，红调蓝得紫，橙、绿、紫称为三间色。这是原色以 1:1 的比例调和的结果，如果在调制橙色时，红色的比例多点，如 3 份红 +1 份黄，就会等到橙红色。同理，只要混合的比例稍作调整，就会得到丰富的间色，如图 3-81 所示。

将三种原色、两种间色、一种原色和与其成补色关系的间色混合，都可得复色。由此可见，复色包含了三原色的成分，成为纯度较低的含灰色彩。

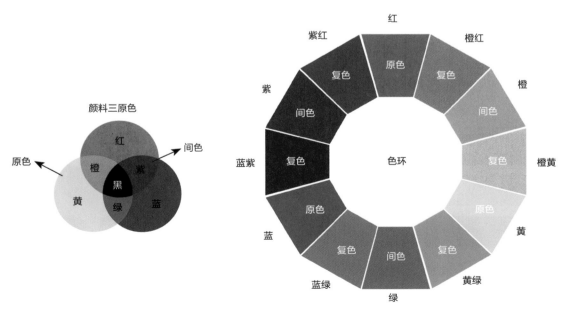

图 3-81

2. 色相

色相就是色彩的相貌，是色彩之间相互区别的名称，如红、橙、黄、绿、蓝、紫等。将上述的单色按光谱顺序环形排列，便形成了色相环，如图 3-82 所示。

3. 明度

明度指色彩的明暗程度，也称亮度、深浅度等。每一种色彩都有各自不同的明度，如黄色明度最高，紫色明度最低，红色、绿色均属中间明度等。明度与配色的基本规律是：任何颜色加白，其明度就会变亮，如果加黑，其明度则会变暗，如图 3-83 所示。

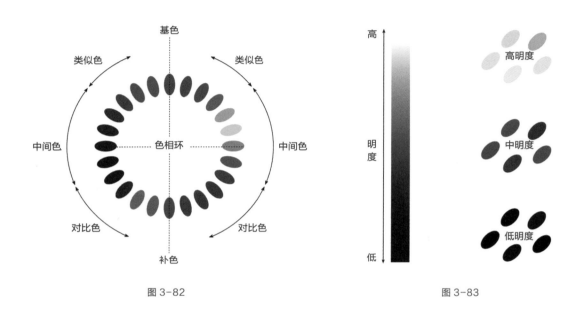

图 3-82   图 3-83

4. 纯度

纯度就是色彩的鲜艳度，也叫彩度、饱和度。无色彩的黑、白、灰纯度为零。在色环上，纯度最高的是三原色（红、黄、蓝），其次是三间色（橙、绿、紫），再次为复色。而在同一色相中，纯度最高的是该色的纯色，而随着渐次加入无彩色，其纯度逐渐降低，如图 3-84 所示。

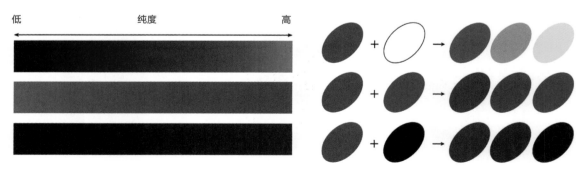

图 3-84

5. 冷暖

冷暖即色性，这是人在心理层面对色彩产生的感觉。人们见到暖色（如红、橙、黄等），会联想到阳光、火光、鲜血等事物，进而产生热烈、欢乐、温暖、开朗、活跃、恐怖等感情反应；见到冷色（如蓝、青等），会联想到海洋、月亮、冰雪、青山、绿水、蓝天等景物，进而产生宁静、清凉、深远、悲哀等感情反应。在生活中，喜庆活动多用暖色调装饰，以显示热烈欢快的气氛；酷夏避暑，冷饮场所多用冷色调装饰，使进入此环境的人们心理上产生凉爽的感觉。颜色的冷暖能刺激人的感官，产生降低血液循环或加快血液循环的生理现象。例如，十字路口的红绿灯信号，红灯使人产生警觉，绿灯使人觉得安全，也说明不同色彩在人们心理上具有不同反应卫生间热水龙头涂红色标记，冷水龙头涂蓝色标记，直接引发人们对冷热的联想。冷暖色特性在心理上的反应还可以用如下一些概念来表示，如图 3-85 所示。

冷色：阴影、透明、冷静、镇静、稀薄、流动、远、轻、湿、退、缩小……

暖色：阳光、不透明、热烈、刺激、浓厚、固定、近、重、干、进、扩大……

冷暖色彩在心理上产生种种相对的反应，说明其具有复杂的表现力，但这种表现力并不是孤立的、绝对的，是需要与绘画中的情节、形象等种种其他因素相联系、相结合而产生的。

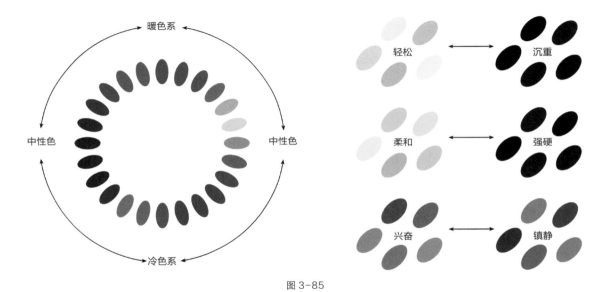

图 3-85

6. 补色

在色光中，当两种色光混合成白色光时，则将这两种色光的主波长定义为互补波长。而色料混合，两种补色则会产生中性的灰黑色，如图 3-86 所示。

由此可知，在色环中，一原色与其他两原色混合产生的间色互称为补色，如红与绿、黄与紫、蓝与橙。补色对比，是最强烈、鲜明的对比。补色对比的情况是普遍存在的，每一个颜色都有其相应的补色。

如一座白色房屋，夕阳光线投射在受光面，白墙呈明亮的红橙色。未受夕阳光照射的背光面的白墙，与受光面的色彩联系起来观察时，必会产生红橙色的补色因素——青绿色，实际上这是生理视觉形成的错觉，这种错觉主要显示出色彩对比中的补色关系，是由于一种纯度较高色彩的相反成分伴随所注视的物体色彩而产生的，以此减弱该物体的强烈色彩对视觉产生的刺激。因此，在观察和表现绘画色彩时，应充分巧妙地运用人类的视觉生理规律，以达到加强色彩对比、调和画面、增强美感的目的。

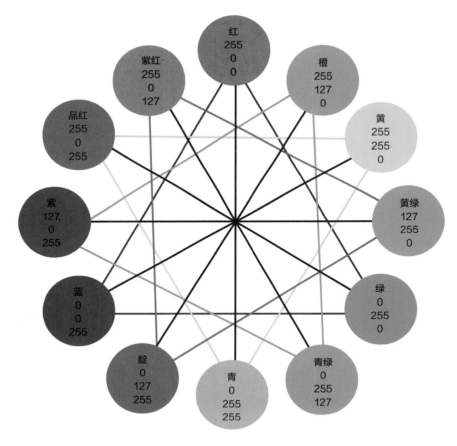

图 3-86

7. 光源色、固有色、环境色、条件色

光源色： 光源即发光体，是物体颜色的来源。太阳是主要的发光体，阳光具有各种波长，可称为标准光。所有物体在阳光的照射下，反映出来的色彩都是比较纯正的，即色彩概念上的固有色。日光灯的光，是偏蓝青色的冷调光，红固有色的物体在日光灯的照射下，色彩是不鲜明的。普通家用电灯的光是偏黄的，投射在物体上，会罩上一层暖色调。其他如各色霓虹灯光，只有单一的某种波长，基本上不能显示出物体在正常阳光下的色彩，如同一物体在红霓虹灯光下，就只呈现红色，在绿霓虹灯光下，就只呈现绿色，如图 3-87 所示。

光源色会或多或少地改变物体的固有色，它对于协调色彩关系和形成色彩调子是一个重要因素。在色彩训练中，能认识并表现出光源色的色彩特点，也是色彩学习的要求之一。

在室内自然光的条件下，物体的色调偏冷

主要光源略微偏绿，整个画面调子随之改变

光源改变为普通灯泡后，画面变成了暖色调

图 3-87

固有色： 就是物体本身所呈现的固有的色彩，如图 3-88 所示。

图 3-88

　　环境色： 是指某个物体在不同的环境里，其固有色会受环境色彩的影响而产生变化，即环境的色彩反射到物体上，以及物体色彩与环境色彩对比中，产生的色彩变化。因此，一个色彩单纯的物体，在一定环境里，可以产生复杂的色彩变化，这种变化的色彩称为环境色。一般绘画色彩，都着重研究环境色的色彩规律与色彩效果。装饰绘画常研究固有色的色彩规律。莫奈的《草垛》系列有着非常多的环境色变，如图 3-89 所示。

图 3-89

条件色： 人们生活的环境和大自然的色彩，是由光源色、固有色、环境色综合而成的。日光在晴、阴、雨、雪不同的天气和早、中、晚不同时间的情况下，也会产生变化。另外，由于光的强弱、光的投射角度和物体质地等条件的差别，物体的色彩也会产生复杂的变化，这些产生变化的色彩也称为"条件色"。绘画写生中，是直接依据条件的变化规律来表现色彩的，如图 3-90 所示。

《戴金盔的男子》

《少女与桃子》

《女贵族莫洛卓娃》

《查波罗什人写信给苏丹王》

图 3-90

8. 色调

色调即色彩的调子，也就是绘画整体上的一种色彩倾向性。色调是一种独特的色彩美感形式。它对于表现绘画主题思想、情调意境，具有无法替代的表现力和感染力，如图 3-91 所示。

形成色调的自然因素有地理环境、天气、季节、时间和光线等，这些因素可以产生千变万化的色调。不同的地理环境，如西北黄土高原，具有苍茫、粗犷、纯朴的色调特征；江南的青山绿水、苍翠的林木、桑田、民居的片片白墙，形成了秀丽、雅致的色调特点；东北大兴安岭原始森林的壮阔、深沉，又别有一番色彩情调。色彩总是与地理环境紧密联系而显出魅力。季节的变迁，如春的嫩绿、夏的浓荫、秋的金黄、冬的灰褐，显示出各个季节冷暖色调的特征。天气的变化如晴天阳光灿烂的暖色调，阴天沉暗的冷灰色调，雨天朦胧迷茫的蓝灰色调，雪天素雅肃穆的银白色调。另外，不同光线（如日光、月光、灯光），不同时间（如早晨、中午、傍晚）的景色，都会有色调的变化。以上所举的例子，说明某一色调的形成实际上是综合了多种因素的结果。要认清复杂的色调现象，全靠画家对色彩的观察力与感受力。

色调的类别很多，从色相分有红色调、黄色调、绿色调、紫色调等；从色彩明度分有明色调、暗色调、中间色调等；从色彩冷暖分有暖色调、冷色调、中性色调等；从色彩纯度分有鲜艳的强色调和含灰的弱色调等。以上各种色调又有温和的和对比强烈的区分。绘画中，艺术形态的色调是自然形态的色彩调子经过画家的感受，根据表现绘画主题的提炼、加工而成的，它比自然形态的色调更集中、更强烈，具有更强的感染力和美感。

| 暖色调 | 冷色调 | 黄色调 | 粉色调 | 蓝色调 |

| 紫色调 | 绿色调 | 明色调 | 暗色调 | 强色调 |

图 3-91

3.5 构图方式

构图的定义：绘画时根据题材和主题思想的要求，把要表现的形象适当地组织起来，构成协调完整的画面。

3.5.1 规则形状的构图方式

1. 九宫格构图

九宫格构图也称井字构图，属于黄金分割式的一种，就是把画面平均分成 9 块，在中心块 4 个角的任意一角安排主体位置。这 4 个点都符合"黄金分割定律"，是最佳的位置，当然还应考虑平衡、对比等因素。这种构图能呈现变化与动感，使画面富有活力。这 4 个点也有不同的视觉感受，上方两点动感比下方的强，左比右强。需要注意的是视觉平衡问题。

简单地说，就是把主体放在 4 个点上（或者线上），把画面分成 3 份，不要让主体在正中间，就会很美，如图 3-92 所示。注意在构图实践中要根据表达内容的需要不断追求新颖的构图形式，不能生搬硬套，完全受它限制。

图 3-92

2. 十字形构图

十字形构图就是把画面分成 4 份，即在画面中心画横竖两条线，中心交叉点是安放主体物的位置。此种构图可使画面增加安全感、和平感、庄重感及神秘感，但也存在呆板等缺点。适当使用对称式构图，如表现古建筑题材，可产生中心透视效果，体现神秘感，所以说不同的题材选用不同的表现方法，如图 3-93 所示。

3．三角形构图

三角形构图指将画面主体放在三角形中或影像本身形成三角形的态势。此种构图是视觉感应方式，有形态形成的也有阴影形成的三角形，如果是自然形成的三角形结构，可以把主体安排在三角形斜边中心的位置上，以图有所突破，在全景时使用，效果最好。三角形构图稳定感强，如图 3-94 所示。

图 3-93

图 3-94

4．三分法构图

三分法构图指把画面横分为 3 份，各区域中心都可以放置主体形态，这种构图适用于多形态平行焦点的主体。可用于表现大空间、小对象，也可反向选择。这种画面构图表现鲜明，构图简练。可用于近景等不同景别，如图 3-95 所示。

图 3-95

5. A 字形构图

A 字形构图是指在画面中，以 A 字形的形式来安排画面结构。A 字形构图具有极强的稳定感，具有向上的冲击力和强劲的视觉引导力，可表现高大的自然物体与自身存在这种形态的物体，如图 3-96 所示如果把表现对象放在 A 字顶端汇合处，此时是强制式的视觉引导，让观者不想注意这个点都不行。A 字形构图有不同倾斜角度的变化，可产生不同的动感效果，而且形式新颖，主体指向鲜明。但 A 字形构图也是较难掌握的一种构图方法，需要经验积累。

6. S 字形构图

这种构图使画面的优美感得到了充分展示，首先体现在曲线的美感上。S 字形构图动感效果强，且动且稳，可用于各种幅面的画面。表现题材时，远景俯拍效果最佳，如山川、河流、地域等自然的起伏变化，也可表现人体、动物、物体的曲线排列变化与各种自然、人工所形成的形态。S 字形构图一般从画面的左下角向右上角延伸，如图 3-97 所示。

7. V 字形构图

V 字形构图是最富有变化的一种构图方法，其主要变化是方向上的安排，如倒放、横放等，但不管怎样放，其交合点必须是向心的。V 字形的双用比起单用，性质发生根本性的改变。单用时，画面不稳定的因素极大，双用时，画面不但具有向心力，且具有稳定感。正 V 字形构图一般用在前景中，作为前景的框式结构来突出主体，如图 3-98 所示。

图 3-96   图 3-97   图 3-98

8. C 字形构图

C 字形构图既具有曲线美的特点，又能产生变异的视觉焦点，使画面简洁明了。在安排主体对象时，通常将其安排在 C 字形的缺口处，使人的视觉随着弧线推移到主体对象。C 字形构图可在方向上任意调整，一般情况下，多在工业题材、建筑题材上使用，如图 3-99 所示。

9. O 字形构图

O 字形构图即圆形构图，常把主体安排在圆心处，进而形成视觉中心。圆形构图可分为外圆构图与内圆构图，外圆是自然形态的实体结构，内圆是空心结构，如管道、钢管等，外圆是在（一般是比较大的、粗的）实心圆物体形态上的构图，主要利用将主体安排在圆形中的变异效果来表现。内圆构图的视点落在正中心，产生的视觉透视效果是震撼的；若视点在中心的左上方或右上方，则能产生动感；若视点在中心的下方，虽然产生的动感程度小，但稳定性增强。 如果采取内圆叠加形式的组合，可产生多圆连环的光影透视效果。如再配合规律曲线，所产生的效果就更强烈，如炮管内的来复线，既优美又配合了视觉指向，如图 3-100 所示。

10. 口字形构图

口字形构图也称框式构图，多应用在前景构图中，如利用门、窗、山洞口、其他框架等作前景，表达主体，阐明环境。这种构图符合人的视觉经验，会让人感觉自己是透过门和窗来观看影像的，产生的空间感和透视效果是强烈的，如图 3-101 所示。

图 3-99

图 3-100

图 3-101

3.5.2　不规则形状的构图方式

不规则形状的构图通常不是单一的构图形式，即不是以上任何一种单一的构图方式，而是由一种复杂的或多种规则的构图方式组合而成的构图方式。

3.5.3　实例：圆形构图法

本实例通过圆形构图的方式来剖析规则构图的作用，以及构图带来的视觉效果。这里主要解析圆形构图的技法，以及怎样用元素去塑造圆形，使视觉中心始终都在圆形中，同时，讲解怎样去利用这个圆形渲染一个圆满的构图方式。

先看一下最终效果，画面中是一只华丽飞舞的凤凰围绕着一位站在荷花上吹笛子的仙女，两者形成了一个完整的圆形，这种构图就是前面介绍的 O 字形构图，如图3-102 所示。

图 3-102

01 先画一个圆形。轻描几笔弧形的线条，大概构成一个圆形即可，线条画错也没关系，这只是绘制前的框架定位，如图 3-103 所示。

02 顺着圆形的走势，粗略地勾画几笔，带出凤凰的形体动态，如图 3-104 所示。

图 3-103

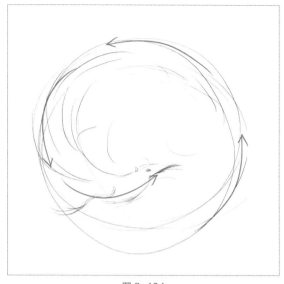

图 3-104

03 确定好凤凰的基本轮廓后，需要定位人物的形态。这里只需大体画出人物的结构、姿势，以及人物的服饰、飘带等，如图 3-105 所示。

图 3-105

 注意

人是画面构图的中心，在圆形构图中的黄金分割位置，也就是靠近凤凰头部的位置，这一步需要准确定位人物的位置、确定姿势，如果位置不合适，可以适当调整凤凰和人物的位置。

04 刻画凤凰的细节。凤凰的形体主要由羽毛构成，分为两个部分，分别是身体、翅膀上一些比较碎小的羽毛，和长长的尾巴上飘逸的羽毛，如图 3-106 所示。

> **！注意** 尾巴羽毛的刻画，是顺着圆形顺时针方向，由大变小、由长变短的过程。

图 3-106

05 这里需要注意一个问题，凤凰与人物在同一构图中，需要产生一些互动，否则就会显得不和谐。也就是说，人物舞动的韵律感和演奏出的清脆笛声呼唤出凤凰，并使其围绕着人物飞舞，而凤凰微微张开的嘴形，又表示其在鸣叫，呼应着笛声。人物身上飘带的飘逸感和凤凰羽毛的飘逸感也是相统一的。这样，大体的线描构图效果便初步完成了，如图 3-107 所示。

06 下面进行细节的深入刻画，即进行精准的线描轮廓勾勒。新建一个图层，并将图层填充为蓝色，将蓝色图层叠在下面的线描草稿上，让草稿的线变成蓝色，以便精准地勾画轮廓，如图 3-108 所示。

图 3-107

图 3-108

07 很多漫画作者都习惯从头部开始绘制，这是因为头部是人物的核心部位。首先，勾画出人物的头形，包括头发、发饰和五官，如图 3-109 所示。

!注意 勾画线描稿时，并不一定要求从头部开始，可以根据个人的喜好选择开始的部位，只要能够准确地把握即可。

图 3-109

08 继续深入刻画。先精准地画出头发的细节，包括头发的质感和头发飘逸的动态，注意发丝要根据头发飘动的方向来描绘，并且，头发的明暗关系也是顺着头发的方向来处理的，如图 3-110 所示。

09 接着勾勒出人物的整个姿势，包括人物的动态和服饰。需要注意的是，人物的飘带与服饰的线描处理要有虚实对比，表现飘带的轻盈时，笔画需要淡些，而手部线条的笔画要重些，以突出最前端的手部线条，如图 3-111 所示。

图 3-110

图 3-111

10 绘制人物服饰上的细节纹理效果，手臂上的绒毛很好地与人物飘逸的姿态相吻合，如图 3-112 所示。

图 3-112

 注意   虽然鞋子所占画面很少，但要让画面看起来生动、有细节，对其进行细节刻画是很有必要的。

11 勾勒出凤凰的细节。画羽毛时，要注意画出羽毛的轻盈飘逸感，也要处理好它们的明暗关系，如图 3-113 所示。

12 为了让画面更加丰富、更有灵动感，可以添加一些飞舞的小凤凰，追随着大凤凰飞舞。这些小凤凰并不一定画得那么实在，隐约可见即可。在仙女后面增加一朵花，除了能丰富画面的效果，还能衬托出仙女的美丽，增强整个画面的仙境感。花朵正好处于圆形的黄金分割位置，不会显得多余，如图 3-114 所示。

图 3-113

图 3-114

13 在凤凰的周围增加一些用来烘托氛围的元素，可以是一些飞舞的羽毛，也可以是一些从身上散发出的火花，让仙境感更强，如图 3-115 所示。至此，整个圆形构图的最终线描稿便勾勒完成了，如图 3-116 所示。

图 3-115

图 3-116

第 4 章

头脑风暴阶段：根据主题发散思维

本章主要内容

◆ 简单角色的创意 ◆ 辅助对象的延伸 ◆ 简单场景的搭配 ◆ 阴影、光感与色彩的测试

4.1 头脑风暴概述

本章主要通过一个给定的主题去创作所需要的动漫效果。也就是说，在创作前所知道的唯一信息是创作的主题。那么，我们该如何根据一个主题，发散思维去创作一幅作品呢？这个步骤就是整个动漫创作过程中非常重要的前期创意、定位阶段，也就是我们通常说的头脑风暴阶段。

拿到一个主题，先不要盲目地下笔。首先，对该主题进行分解，例如，它会包括什么内容，主要元素是什么，辅助元素是什么，色彩如何去搭配，等等。在一幅动漫作品中，主体元素通常是角色，没有角色的动漫会显得生气不够。那么该如何去定位角色的特点、性格、发型、服装、表情、动作等要素如何表现，影响角色的环境光线、背景等因素又该如何表现？如何将这些要素合理地整合在一起，构建出一幅合乎情节、合乎常理的画面，就是整个头脑风暴阶段要完成的工作。

4.2 实例：悠闲的老板

下面我们就以"悠闲的老板"为主题来创作一幅动漫作品。

4.2.1 分解主题

该阶段包括两个步骤：分析主题，提炼元素。首先分析角色，角色的身份是老板，老板就应该有老板的特性。在动漫的绘制中，通常是通过外表的描绘来传达内在的气质。

老板的概念一般有这些：

1. 私营工商业的财产所有者、掌柜的；

2. 旧时对著名戏曲演员或组织戏班的戏曲演员的尊称；

3. 现今多指私营企业中的决策者或下指令者；

4. 也指拥有大量金钱的人（有时带讽刺意味）。

从具体的特质来形容，老板的样子或正襟危坐、不苟言笑，或疾声厉色、威风凛凛，或精于人事、八面来风，或大笔一挥、一切搞定等。我们需要将这些特性形象化地归类一下，例如，刻板尖锐的脸、冷漠而坚硬的五官、冰冷孤傲的眼睛、秃顶的脑袋、挺秀高顾的体格或大腹便便的矮胖身形等，如图4-1所示。

图 4-1

图 4-1（续）

　　下面我们给主体角色设定一个具体的身份，如大排档的老板。主体角色确定好，还需要设定其他的元素，大排档就是该画面中的环境元素，环境元素中主要包括桌子、椅子、柜子等辅助元素。有主角自然会有配角，那样画面才完美，配角一般是老板的员工、顾客，有时还有动物（一般指宠物）等，这里将配角指定为顾客。本章"悠闲的老板"主题漫画作品的最终效果如图 4-2 所示。

图 4-2

4.2.2 从简单角色的创意开始

画面中所有要绘制的元素都要确定好，下面对元素进行具体的创意构思。这里从"老板"出发，去构思大排档老板这个形象。

首先，在 Photoshop 软件中新建一个 A4 大小的文档，新建几个图层，给老板绘制几个粗略的草图，头部是角色的关键部位，这里分别绘制了一个年长一点和一个年轻一点的老板头像。

年长一点的是一个秃顶的老板，有胡子、小眼睛，如果加上个厨师帽，有那么一点大排档的感觉，但更偏向于厨师了，如图 4-3 所示。

图 4-3

年轻一点的是一个有活力、戴眼镜的老板，头发稀疏，尖鼻圆脸，眼睛和嘴巴显得比较和蔼亲切，加上围裙后更像一个小伙计，如图 4-4 所示。

图 4-4

经过上面两种不同风格的老板形象的初步绘制，会发现各种问题，其中最重要的就是角色的特点不够明确，从而导致老板这一形象不够突出。

下面仔细分析一下大排档老板的工作特点：身兼数职，让老板有了生活的痕迹，有着鲜明的个性特征；秃顶是典型的老板特征，再来点胡须，会让这一形象显得更成熟；眼神专注是一个老板对于事情负责任态度的表现；气质高冷是老板长久工作历练的表现；拿着菜单，这是在大排档里最常见的老板特征了。有了这些特征的分析，大排档老板这一形象逐渐有了雏形：秃顶、尖鼻、尖脸、八字胡须，如图 4-5 所示。

身体部分是拿着笔和菜单的形态，动作、表情是比较轻松专注的样子，这样一个非常有生活气息的老板形象便出来了，如图 4-6 所示。

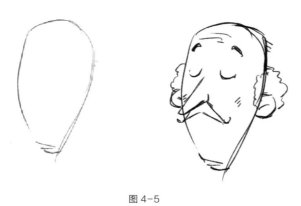

图 4-5   图 4-6

4.2.3   辅助对象的延伸

大排档场景中包括的辅助对象有桌子、椅子、柜子、客人（客人设定为女学生）等，如果想要大排档的气氛更强一点，可以加上一些油盐酱醋的瓶瓶罐罐之类的元素，这些都是增添氛围的关键辅助元素，也就是所谓的道具。这些元素都是合理存在于场景中的，不是生搬硬套放进来的。例如，在画面中放一个路牌，虽然它是路边大排档的一个元素，但它不是大排档中的必要元素，不会对增强画面的氛围有任何的帮助，因此可以不放进来。

前期绘制时，可以将所有的辅助元素都画出来，再酌情选择必要的辅助元素，如图 4-7 所示。

图 4-7

4.2.4 简单场景的搭配

确定好辅助元素后，可以将这些辅助元素进行简单的组合、搭配，也就是对整个场景的元素进行组合，确定好元素的位置、大小，即在场景中大概描绘出它们的轮廓，甚至包括人物的特点、发型、衣服、动作细节等，这样整个大排档的感觉就出来了，如图4-8所示。

> **注意**
>
> 这里，女学生是倒茶的动作，老板是拿着菜单，正准备点菜的动作，两个人的动作有着一定的互动关系，这样的画面内容才会显得有意义。如果是两个毫不相干的人，干着毫不相干的事情，画面主题就会显得不明确。

> **注意**
>
> 在创意设定阶段，绘制要大胆，不要拘泥于细节的描绘，一笔画错了可以多画几笔，前期只需强调出大体形态就可以了。

图4-8

当前，完全看不出小女孩是学生的身份，这时候，可以再临时增加一些场景道具，如学生的书包、红领巾和校服等比较明显的特征元素，如图 4-9 所示。在构思阶段元素设想往往并不全面，但不要担心，创意通常都是在绘制的过程中逐步迸发出来的。

图 4-9

草稿就画到这里，从草图中可以看出前景元素主要是两个人物，背景元素是柜子，而桌子和椅子则是让前景和背景协调的关键元素。这就是整个草图的构架，所有元素的初步设定已在这一步全部完成，如图 4-10 所示。

图 4-10

4.2.5　阴影、光感与色彩的测试

下面要对场景进行色彩设定。在色彩的设定阶段，除了上颜色，还会对场景中的照明关系、阴影关系进行设定，这是一幅动漫作品中的必备因素。

首先确定光线的来源，这里设定光从左边的窗和门射进来，有点午后斜阳的感觉，这个时候的客人比较少，老板也比较清闲，非常吻合主题。

先把阴影部分画出来，按人物和物体的结构来画，背向阳光的部分均填上灰色作为阴影，朝向阳光的部分均不上色（这是元素本身的颜色），如图 4-11 所示。

图 4-11

图 4-12

开始色彩的测试。在大体的明暗关系画出来后，开始设定画面的色彩，午后的阳光，画面一般以暖色调为主，给人的感觉是很温暖的。因此，在设定颜色时，可以把人物皮肤、桌椅、柜子设定为暖色调。衣服尽量使用其他颜色，若衣服也为暖色调，那画面的色彩就会显得比较单一。基本的颜色设定如图 4-12 所示。

画面的大体感觉出来了，元素和场景的氛围也基本设定完成，接下来要完善画面的细节，画出线稿并进行最终的上色。

> **!** 注意
> 在设定色调时，首先一定要保证画面中元素的颜色是符合常理的，如头发和胡须一般都是黑色的，如果改成黄色，就不符合常理了。

4.2.6 最终的线稿描绘

前面的画面绘制，都是比较粗略的线条描绘，下面要在这些粗略的线条上归纳出精细、完整的线条，之前的粗略线条仅作为结构参考。

在绘制前，先把草稿层的不透明度调低（具体不透明度为多少没有确定的值，只要不影响到最终线条的描绘即可），为了表现脸很瘦，这里将头部与脖子直接连在了一起，几乎看不到下巴。这种夸张的画法，在动漫中非常常见，如图4-13所示。

图 4-13

在描绘头部轮廓时，为了保证流畅性，线条几乎是一笔勾勒出来的，但线条虽然流畅了，却破坏了一些局部结构，如耳朵是与皮肤衔接在一起的，不会有一个明显的线条切割开。另外，耳朵与头部之间还长有一些头发。因此，这两个部分重叠的线条需要擦掉，这样才符合准确的结构原理，如图4-14所示。

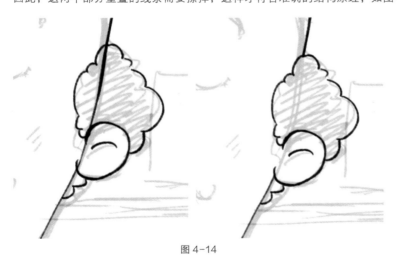

图 4-14

> **注意**
>
> 无论使用多么夸张的表现手法，都要遵循基本的结构原理，破坏了这些原理，就会让画面变得很奇怪，让人感觉不舒服。

当"老板"的形象勾勒完成，会看到整个结构变得非常清晰、有层次，体积感也非常强。线条的表现是富有变化的。在精细的线描勾勒后，人物的表情与动作也变得更加生动、形象了，有一种跃然纸上的感觉，如图4-15所示。

> **注意**
>
> 这里需要再次强调的是绘制线条时的基本原则，重叠的结构一定要有前后层次的区分，如菜单后面是身体部分，在前面的粗略稿最好是可以透过菜单看到身体线条的，那是为了准确地勾勒身体结构。在最终的线稿描绘时，这些"隐藏"的线条不能显示出来，就产生了这种前后层次的效果，从而获得一种立体的视觉效果。这是任何绘画都必须遵循的原则。

图 4-15

小女孩的头发用一缕缕的小尖角来表现，且每一缕头发都要遵循前后关系的原则，这样头发虽然凌乱，但很活泼、立体，人物的个性也从这流畅蜷曲的头发线条中传达了出来。

小女孩的表情仅靠 3 根弯曲的线条就表现得淋漓尽致，简洁而又有力度地传达出她内心的喜悦，如图 4-16 所示。

图 4-16

小女孩的衣服结构有非常多的细节，很真实地将校服的特征描绘了出来。在描绘衣服的结构时，线条有疏密关系，这样的疏密处理会让整体视觉显得非常舒服，层次感清晰，重点也很突出，如图4-17所示。

桌子是用简略的直线描绘的，注意，动漫中的直线一般都不是严格意义上的直线，这会让卡通角色显得更可爱。

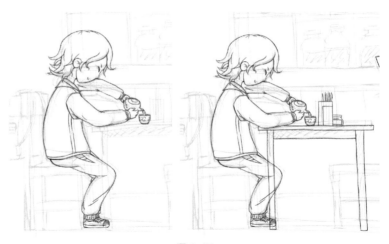

图4-17

小女孩手部倒茶的动作是小女孩的视觉中心部分，因此，手部和茶壶、茶杯描绘得都比较细致，旁边的筷子桶、瓶子等道具元素描绘得都比较简单，这样才能衬托出视觉中心部分的元素，如图4-18所示。

图4-18

图4-19

至此，整体线稿都画出来了，下面需要把没用的线擦掉，如图4-19所示。

> **⚠ 注意**　在擦除不需要的线条时，最好是在每一层元素上添加一个蒙版，用画笔涂抹的方式把没用的线遮住，这样做的好处是，在要用到完整元素时，可以把蒙版关闭，快速提取出完整的元素。

最终的线描稿如图4-20所示，每一个元素都非常清晰地展现了出来。目前唯一的问题是后面收银台的木纹有点多，线条过密，影响前面的主体人物。

图4-20

碰到这种情况，既不想去掉木纹纹理，又想区分前后的元素，该如何处理呢？方法很简单，只需要将前景想突出的元素（小女孩和老板）的轮廓线加重一点，画得略微粗一点，便能拉开主体与背景木纹的前后关系了，如图4-21所示。

图4-21

!注意

桌子与椅子都是前景元素，也可以将他们的线条略微刻画得重一点。虽然线条加重了，但每一根线条也都有粗细变化，这样才会让线条不呆板，又能很好地区分元素的前后关系。

4.2.7　最终的颜色绘制

在线描稿最终确定后，便可开始添加色彩。下面先给老板填上颜色，皮肤为米黄色，头发和胡须是灰中偏黄的颜色，为了加强阳光照射场景的温暖氛围，场景中的元素都会略偏暖色调，但并不等于原有色调就是暖色调。老板的颜色绘制如图4-22所示。

图4-22

> **⚠ 注意**　在绘制不同颜色时，要将每一层颜色分好层，方便以后进行修改。尤其是在绘制客户的项目时，更应该这样做，以减少很多不必要的麻烦。

下面给小女孩上色。小女孩的衣服是偏蓝色的校服，这个颜色在整个画面中比较醒目，如图4-23所示。

图4-23

整个场景中，各元素的色彩效果如图 4-24 所示，此时的色彩还是比较平面的，元素缺乏体积感。

图 4-24

如何让元素具有体积感？在二维的动漫表现中，元素的体积感通常由阴影来表现。描绘阴影时，需要对元素的体积感有一个清晰的认识，阴影在什么位置，阴影的范围有多大，这些都需要想清楚，才能准确地描绘出各元素的体积感。老板的阴影表现如图 4-25 所示。

图 4-25

> **!注意**
> 老板的围裙部分受到椅子的阴影投射，这种微妙的阴影关系对于表现场景的空间也非常有帮助。需要注意的是，地面部分也包括多个元素的阴影投射，而且它们的投射方向必须是同一个方向。

小女孩的阴影效果如图 4-26 所示。从小女孩的阴影效果可以看到，此时整个画面的阴影都是比较浅的，不是那种非常重的阴影，说明此时的房间光线是非常充足的。

图 4-26

给场景中的书包和桌椅等道具绘制阴影，如图 4-27 所示。注意，柜子中的元素之所以没有画阴影，是因为它们在整个画面中非常次要，不需要将其凸显出来。不凸显并不代表没有质感，表现对象的质感有一个重要的因素是光泽感，这里可以给玻璃材质的瓶瓶罐罐添加一些高光效果。

图 4-27

下面给整个场景添加一个倾斜 45° 的阳光投射效果。阳光的描绘其实很简单，就是将一个略呈锥形的块面尾部进行虚化处理，再将整个块面的不透明度降低即可。为了丰富阳光的光束感，可以多复制几个块面，并且使其有粗细和不同虚化程度的变化，如图 4-28 所示。

！注意 | 在阳光的投射下，小女孩的衣服颜色被暖黄色中和了，即蓝色中叠入了黄色，蓝色便不会显得那么突兀了。这也是一种巧妙处理突兀颜色的方法。

图 4-28

最后，给画面叠上一层光晕，让场景显得更加温暖。光晕的颜色是淡淡的黄色，场景中的暗部则铺了一层黄色的对比色（淡淡的紫色）。这样，整个画面的色彩变得非常真实且富有细节变化，如图 4-29 所示。

图 4-29

第 5 章

构建绘图规则：设计标准化

本章主要内容

◆ 角色构建的表现形式　　　　◆ 解析角色和场景设计的关系

本章主要介绍角色构建的表现形式，通过直接展示、突出特征等方式来标准化设计角色造型，用最有效、最简洁的方法去完成角色构建，创造好看、简单、可辨认的造型。

5.1　角色构建的表现形式

一部动漫作品是否有感染力和说服力首先在于视觉的力量——动漫角色形象设计及其表现形式。角色的表现形式非常丰富，有直接写实表现、凸显角色特征、对比衬托等，将漫画的各种人物性格表现得出神入化，为角色注入趣味性和幽默性。

无论是商业漫画大片还是实验动画短片，角色都是片中的灵魂元素。这些角色之所以能抓住人心，是因为角色在构建时选择了一种适合的表现形式。这些表现形式是主导漫画角色性格和形象的关键因素。漫画之所以深受读者的喜爱，是因为卡通角色形象的简约造型与独特表现形式深入人心。

一个成功的角色首先要有一个成功的造型，每个造型都要有相应的表现形式，从而展示出角色的不同性格和特点。也就是说，在角色开口说话和做动作之前，仅通过角色的造型就可以了解角色。

5.1.1　直接展示

直接展示是最常见的表现手法，它将人物或场景如实地展示在画面上，是一种充分运用摄影或绘画等技巧的写实表现。细致刻画和着力渲染人物的形象、神态和性格，给人以逼真的现实感，使观众产生亲切感和信任感。

要注意画面上元素的组合和展示角度，着力突出角色本身最容易打动人心的部位，运用色光和背景烘托，使角色置身于一个具有感染力的空间中，增强画面的视觉冲击力，如图 5-1 所示。

图 5-1

5.1.2　突出特征

　　运用各种方式抓住和强调角色的特征，并把它鲜明地表现出来，将这些特征置于画面的主要视觉部位或加以烘托，使观众在接触画面的瞬间就可快速感受到其特征，对其产生兴趣，如三毛光头上的三根头发、米老鼠的两只圆耳朵、大力水手的粗大手臂等，如图 5-2 所示。

图 5-2

5.1.3　对比衬托

　　对比是趋向于对立冲突的艺术美中最突出的表现手法。它把作品中所描绘的事物的性质和特点利用鲜明的对照和直接对比来表现，借彼显此，互比互衬，从对比所呈现的差别中，达到集中、简洁、曲折变化的表现。这种手法更鲜明地强调或提示人物的形象和性格，给观者以深刻的视觉感受。例如，胖瘦、高矮、大小、正反等对比；主角和宠物之间的对比衬托；角色与角色之间的对比，如老夫子与矮冬瓜、大头儿子与小头爸爸等，如图 5-3 所示。

图 5-3

5.1.4 合理夸张

这是一种借助想象，将人物形象的品质或特性进行过分夸大，以加深观者对这些特征认识的设计手法。这种手法能鲜明地强调或揭示事物的实质，加强作品的艺术效果。

夸张是在一般中追求新奇与变化。按其表现的特征，夸张可以分为形态夸张和神情夸张两种类型，前者为表象性的处理品，后者则为含蓄性的情态处理品。运用夸张手法，可为广告的艺术美注入浓郁的感情色彩，使产品的特征鲜明、突出、动人，如图5-4所示。

图 5-4

5.1.5 以小见大

以小见大是指在漫画中对立体形象进行强调、取舍、浓缩，以独到的想象抓住一点，或将一个局部加以集中描写或延伸放大，以更充分地表达主题思想。这种艺术处理以一点观全面、以小见大、从不全到全的表现手法，给设计者带来了很大的灵活性和无限的表现力，同时为观者提供了广阔的想象空间，获得生动的意趣和丰富的联想。

以小见大中的"小"，常通过描写小动物、小宠物来让读者产生亲切感，带来更大的情感想象空间，既是创意的浓缩，也是设计者匠心独具的安排。它已不是一般意义的"小"，而是小中寓大，以小胜大的高度提炼的产物，是对简洁的刻意追求。很多单幅漫画、四格漫画都是用这样的手法，以小事寓意大道理，例如，宫崎骏的《千与千寻》中的小煤球、《幽灵公主》中的树精们，如图5-5所示。

图 5-5

5.1.6 谐趣模仿

这是一种有创意的引喻手法，常采用以新换旧的借名方式，把大众所熟悉的名画或名人等作为模仿的对象，经过巧妙的"整形"，使名画名人产生谐趣感，给消费者一种崭新奇特的视觉印象和轻松愉快的感觉。这类作品以其特异性、神秘感提高身价和注目度，如郭德纲相声动画版、插画家 Limpfish 的作品，这些都是有意仿用名画名人来创作的漫画，如图 5-6 所示。

图 5-6

5.1.7 借用比喻

比喻手法是指在设计过程中选择两个不相同，但在某些方面又有相似性的事物，"以此物喻彼物"，比喻的事物与主题没有直接的关系，但是在某一点上与主题的某些特征有相似之处，因而可以借题发挥，进行延伸转化，获得"婉转曲达"的艺术效果。

与其他表现手法相比，比喻手法比较含蓄，有时难以一目了然，但领会其意后，便能给人一种意味无穷的感受，如五福娃，5 个卡通形象都有不同的寓意，头上的装饰都是不同寓意的载体。

福娃是 5 个可爱的亲密小伙伴，它们的造型融入了鱼、大熊猫、奥林匹克圣火、藏羚羊以及燕子的形象。

贝贝的头部纹饰使用了鱼纹图案，传递的祝福是繁荣。在中国传统文化艺术中，"鱼"和"水"的图案是繁荣与收获的象征，人们用"鲤鱼跳龙门"寓意事业有成和梦想的实现，"鱼"还有吉庆有余、年年有余的含义。

晶晶是一只憨态可掬的大熊猫，它的头部纹饰源自宋瓷上的莲花瓣造型，无论走到哪里都会带给人们欢乐。作为中国国宝，大熊猫还深得世界人民的喜爱。

欢欢是福娃中的大哥哥。欢欢的头部纹饰源自敦煌壁画中火焰的纹样，它是一个火娃娃，象征奥林匹克圣火。

迎迎是一只机敏灵活、驰骋如飞的藏羚羊，头部纹饰融入了西部地区的装饰风格，它来自中国辽阔的西部大地，将健康的美好祝福传向世界。

妮妮来自天空，是一只展翅飞翔的燕子，头部纹饰造型创意来自北京传统的沙燕风筝。"燕"还代表燕京（古代北京的称谓）。妮妮把春天和喜悦带给人们，飞过之处播撒"祝您好运"的美好祝福，如图 5-7 所示。

图 5-7

5.1.8　联想延伸

　　丰富的联想能突破时空的界限，扩大艺术形象的容量，加深画面的意境。因此，设计者要大胆去创作，无限地联想，突破原来的套路，效果总是激烈而丰富的。

　　近来，已经有很多人物设定向几何体等抽象的方向发展，观者也能更大限度地接受抽象的形象，如《怪兽大学》，如图 5-8 所示。

图 5-8

5.2　角色和场景设计

角色离不开其活动空间。在一部动画片中，角色需要有自己的活动空间，不论是哪个镜头都有场景的出现。动画场景可以分为场景、背景两部分。

场景：是角色可以穿行其中的活动场所或自然景观。

背景：起烘托角色和渲染气氛的作用，就如舞台的布景。

动画场景的设计人员必须对分镜头、脚本和角色有所了解，因为场景的风格和形式必须与动画片整体的风格和形式一致，如国产 3D 动画《秦时明月》的人物设定与背景设计，从风格到形式都非常一致，如图 5-9 所示。

图 5-9

1. 角色与场景的风格统一

根据故事主题和主人公的性格、职业、地位、兴趣爱好等设计出当时的时代环境、社会环境、生活环境及真实的场景，如图 5-10 所示。

图 5-10

2. 时代环境统一

时代环境指的是一个具有较大时间跨度的历史阶段或某一段历史发展的特定时期，如图 5-11 所示。

图 5-11

3. 社会环境统一

社会环境是某一时代环境、某一历史时期的社会面貌和景象，以及人们的精神状态和当时当地的风俗、礼仪与时尚等。

4. 生活环境统一

生活环境则是指在某一历史时期、某一社会环境下人们的生活条件、生活方式、家庭状况、工作环境，以及人们的衣、食、住、行等。生活环境以家庭生活环境最为重要，每个家庭的生活状况千差万别，这是由家庭中主人的社会阶层、地位、职业、收入甚至兴趣爱好决定的。这些因素组合在一起就形成了一个具体的家庭生活环境，能反映一定时代的特征和社会面貌。找到影片场景的基调才能把情绪氛围统一起来，使整体风格与表现主题融为一体，如图 5-12 所示。

图 5-12

制作时，要做到下面几点才能更有效地将角色与场景统一起来。

● **风格统一**：在最初设计时，就需要做到原始风格统一，根据脚本、剧本进行角色设定，这时要考虑角色与场景的和谐，反复推敲，或现代、或古典、或抽象，不能将两者的设计分开进行，如图 5-13 所示。

图 5-13

● **色指定**：这里分角色色指定和场景色指定。

复杂程度统一，如有些动画中角色设定的眼睛，是单一颜色、加高光；而有些动画中角色设定的眼睛可以分 7~8 层，从而做出高立体效果，如图 5-14 所示。

一部严谨的动画片中，色指定包括：日间色指定、正常夜间色指定、强光逆光色指定、黄昏色指定、清晨色指定、晴空色指定、阴天色指定、指定物体投影色指定和心情变化色指定等。

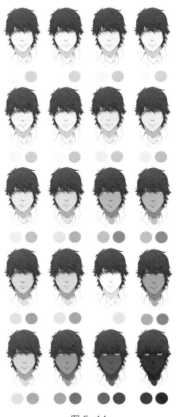

图 5-14

● **技术统一，后期弥补：** 这种后期技术的弥补方法有一些常用利器，如色彩平衡、色相、饱和度、明度、对比度、曲线等，如图 5-15 所示。

在后期合成时，由于做特效会改变画面的色相和色温等，因此需要明确哪些镜头需要后期弥补，要怎样弥补，才能搞清楚明度、色相误差是多少，并将它们调到一个标准值，这样才能让角色与场景统一起来。

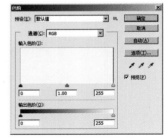

图 5-15

5.2.1　实例：角色的对比表现

下面通过一个实例《海盗与小女孩》来解析角色的对比创作技法，如图 5-16 所示。

从这张图可以鲜明地看出两个角色的对比关系。角色之间的互相衬托，如高矮、肥瘦等特征的夸张对比，对观者产生了极大的视觉冲击。角色之间的对比，还可以通过环境元素烘托得更加强烈。

下面来解析这种对比关系的漫画该如何构思表现。

图 5-16

01 设计一个体形庞大的长胡子海盗的角色，它有着粗大的手臂、瘦小的腿脚，独眼且满面胡子，如图 5-17 所示。

!注意

在动漫中表现巨型怪兽等身躯庞大的角色，通常是下半身小、上半身大，甚至还会把头部比例缩小，形成强烈的双重对比关系。

图 5-17

02 要凸显大胡子海盗的庞大，必须要有另外一个瘦小的角色与之对比。这里在大胡子海盗前面画了一个可爱的小女孩，这一大一小、一强一弱的两个角色，自然让画面产生了一种戏剧化的对比关系。而这种对比关系所产生的效应也非常奇特，庞大的大胡子海盗显得不那么恐怖、邪恶，在可爱的小女孩面前反而变得有些可爱了，如图 5-18 所示。

03 这里想让海盗更加可爱、更有趣味，在海盗手中放了一朵小花，且小花是藏在身后的，与大手臂再次形成了一种对比，让海盗显得更加可爱，如图 5-19 所示。

图 5-18

图 5-19

04 绘制完两个人物角色后，给画面增加一些场景元素。用石头来衬托大胡子海盗的高大，并反衬出小女孩的弱小。这又是一种对比关系，再次充分地展现出了对比的强调功效，如图 5-20 所示。至此，整个画面的草稿完成，下面开始勾线。

05 首先勾画海盗的头部。在勾勒眼睛轮廓时，要注意眼珠的方向，海盗是看着下方的小女孩的。虽然是一个很小的眼珠，但这一丁点儿细节就能改变画面的寓意，如图 5-21 所示。

图 5-20

图 5-21

06 勾画人物身体部分的线条。一定要注意线条的虚实和疏密对比，这也是任何一幅动漫作品都需要注意的地方，如图 5-22 所示。

07 在勾画小女孩时，线条可以浅一些，这与小女孩小的特性有关。注意，小女孩的手中拿了一个花环，与海盗手中的小花形成呼应，让两个角色在对比中又能产生共鸣，会让画面显得更加和谐，如图 5-23 所示。

图 5-22

图 5-23

08 当前背景的视角是水平的，这个角度最容易看出画面中的元素对比关系，如天空中的云，更能衬托出海盗的高大形象，如图 5-24 所示。

09 线描稿勾勒完成，整个画面充满着对比关系，然而即使对比再强烈，画面依然很和谐，如图 5-25 所示。

图 5-24

图 5-25

5.2.2 实例：外貌与性格的对比表现

下面用生活中常见的两种类型和性格的人物来设定角色。

好学生： 学校好学生的代表，循规蹈矩，可能爱读书不爱运动，老老实实的感觉。

调皮学生： 学校里常见的调皮捣蛋分子，不听话，好动，个性强，爱耍酷，这些都是他们的特点。

这两种性格的人物有着很大的区别。在绘制漫画时，注意人物的动作、表情、着装等，甚至是线条的表现都有所不同，如图 5-26 所示。

图 5-26

在创作人物形象时，最先要了解的是人物的特点。按上面所描述的两个人物特点，结合人物设定的各种元素，每一个元素都要尽可能地朝着人物特点的方向去展现，这样才能设计出引起共鸣、符合人物形象造型的角色，如图5-27所示。

图 5-27

好学生的表情：规规矩矩、喜怒都不太形于色，很少会夸张地笑、怒。

调皮学生的表情：不羁的、顽皮的表情绝对是他们的专属。好动顽皮的孩子，表情都是那么不规矩，如图5-28所示。

因此，好学生的表情基本都是相对对称的规则效果，而调皮学生的表情基本都是不规则、不对称的效果。

图 5-28

好学生的道具：书本和书包。这些道具规规矩矩地出现在他们身上该有的位置上，如书本是拿在手里的，书包是规规矩矩地背在肩膀上的。

调皮学生的道具：红领巾、书包和帽子。可以很明显地看出，道具在他们手上绝对是不"安分守己"的，如红领巾本来是戴在脖子上的，这里是拿在手上，书包也是扛在肩上，这样可以很好地把角色的淘气效果呈现出来，如图5-29所示。

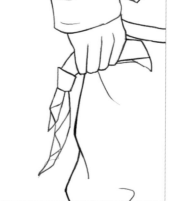

图 5-29

好学生的衣着：衣服很整洁，也很合身，款式中庸主流，绝对不会玩个性，也比较干净。

调皮学生的衣着：衣服永远不好好穿，松松垮垮，帽子一定要倒着戴，有点邋遢的感觉。

因此，在描绘两个角色的线条时，也根据他们这些特性而有所区别，如图 5-30 所示。

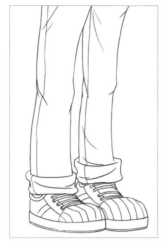

图 5-30

好学生的细节：规矩的发型，腼腆的笑容，戴着眼镜。

调皮学生的细节：因好动而头发凌乱，破破的牛仔裤，都是调皮孩子的细节特点。

好学生的动态：规规矩矩的站姿，抱着书本体现他的好学，也体现这种人物比较内向的性格。

调皮学生的动态：没有站相，没有坐相，怎么有性格怎么来，怎么酷就怎么来，如图 5-31 所示。

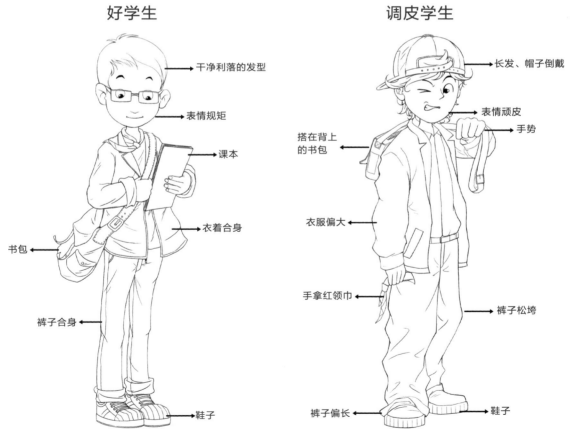

图 5-31

第 6 章

提前准备：绘制故事分镜图

本章主要内容

- ◆ 构建故事框架 ◆ 绘制分镜图 ◆ 模拟镜头角度进行构图 ◆ 设定粗略图中的节奏
- ◆ 完善分镜图 ◆ 上色

　　本章主要介绍故事分镜的绘制，了解从文字怎样一步一步构建故事框架，到绘制分镜图草图，并用完美的构图去展现故事剧情，然后完善分镜图，处理画面的细节效果，最终把故事的情绪表达出来。

6.1　构建故事框架

　　文学剧本是影片创作的基础，一般由编剧来完成。它保证了故事的完整性、统一性和连贯性，同时提供了影片的主题、结构、人物、情节、时代背景和具体细节等基本要素。动画片剧本与普通影视剧剧本有所差别，它需要编剧在撰写故事构架的同时，更多地考虑动画片制作的特点，强调动作性和运动感，并给出丰富的画面效果和足够的空间拓展余地。

6.2　绘制分镜图

1. 草图

　　分镜头剧本的绘制，是由导演将分镜头剧本的文字变为画面，将故事和剧本视觉化、形象化。这个过程不是简单的图解，而是一种具体的再创作，它是一部动画片绘制和制作的最主要依据。

　　也就是说，它确切地体现出了全部画面要素（人物、背景、景别、视野、视距和朝向等）及其细节的安排。同时，有推、拉、移处理的画面要标清起幅、落幅的画面范围和移动方向，大于一个幅面的画面要画全，并标清大致相当于多少个标准画面的宽度或高度；有光源的画面要标清光的方向，并大致画出人物身上的阴影等；画面中有人物走动的，要标清人物出入画的位置、起点和终点的位置等，有物体运动的要同样标清；人物动态比较复杂或需要特别规定动作变化情形的，要画出关键动作画面。

2. 动作提示

　　画面上的人物、动作及动作过程都要有文字提示，以便接下来原动画的工作顺利进行。

3. 特效

　　特效一般包括环境、色调、镜头的特殊处理，抖晃、光边、淡入/淡出、闪白等特殊效果也要有相应的文字提示。

4. 对白

　　人物在画面里说了哪些话或一句话中的哪几个字，哪些话是画外音，哪些是画面里能够看到的都要写清楚。

5. 音效

　　音乐和动效配合应明确标注，以使后期创作人员能够保证落实。

6. 镜头号

　　每个镜头都有自己的片名、集数、镜头号，不可缺失。一部或一集片子的镜头号是连续的。借用的镜头也要有自己的镜号，另标"同××X镜"，便于清楚地看出缺镜的情况。

7. 时间

每一个镜头都有时间约定，应标明清楚，一般以秒或秒加格数表示。

宫崎骏的《千与千寻》的分镜头如图 6-1 所示。

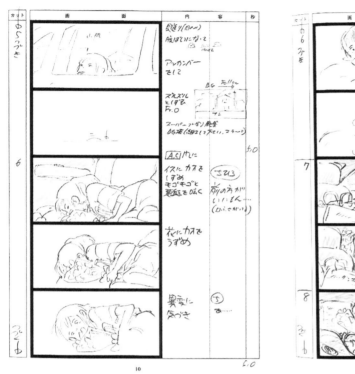
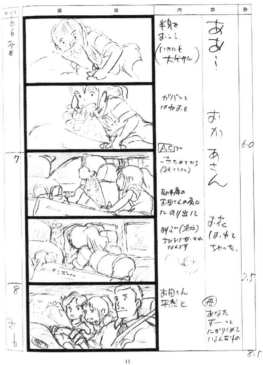

图 6-1

6.2.1 快速素描

快速素描是指将文字分镜转为镜头分镜的技能，指用简洁的手法快速画出人物动态、场景等，有点儿像素描技法中的速写，如图 6-2 所示。

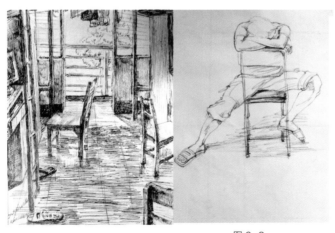

图 6-2

6.2.2 绘制一组缩略草图

这是一组公益广告短片，长度为 12 秒，主要文案是"给餐厨垃圾一个安全归宿，给自己一个清洁的世界"，意思是用专门的餐厨垃圾回收车回收餐厨垃圾，减少垃圾对周围环境的破坏，还给人类一个清洁的环境，如图 6-3 所示。

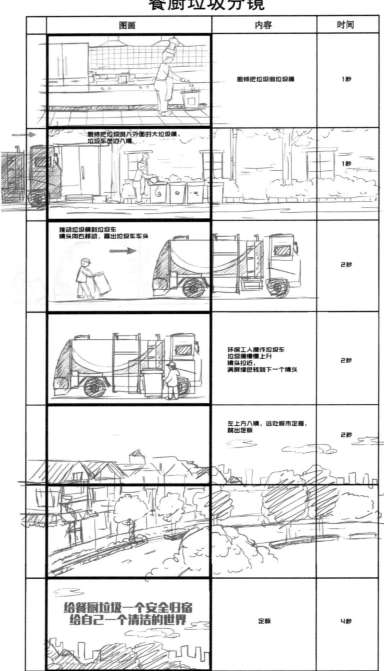

图 6-3

6.3 模拟镜头角度进行构图

6.3.1 镜头景别的构图应用

动画镜头的画面感都是以景别为基础进行表现的，而景别依据主体呈现出的范围大小区别来呈现，一般可分为远景、全景、中景、近景和特写5种景别。

远景： 远景的画面极为开阔，能够充分地表现出场面和环境的气势，有烘托气氛的效果。

全景： 全景是对主体的整体概括，能够运用一定范围的环境来展现出主体和环境的关系。

中景： 中景展现的是主体的一部分，具有一定的细节，因为次要部分被排除在了画面之外，所以有着较强的主题强调性。

近景： 近景展现的是人物的胸部以上与主体的大部分，能够较为清晰地表现出人物的神态与主体的细节。

特写： 特写则完全排除了环境的影响，着重强调主体的细节，有集中注意力的作用。

动画镜头中的景别多种多样，景别的使用应当以内容为基础。

6.3.2 技巧应用

画面的构图效果很大程度上取决于技巧的运用，不同的技巧所形成的画面是不同的，如推、拉、摇、移等。在运用技巧进行构图的过程中，将内容和情节通过记忆和视觉印象形成较为完整的技巧画面整体。在镜头画面中运用技巧构图时，应当以画面的主题思想、视觉运动原理和感知心理效应等方面为基础，合理地安排画面。为了展现更好的视觉审美效果，还应当充分考虑视觉的稳定性和画面的协调性。在构图中，不要局限于二维空间和三维空间，要充分展现画面的动态性和连贯性。

6.3.3 衔接应用

影视、动画中的内容往往是由镜头画面的积累、冲击和衔接组成的。影视动画中的镜头和普通的图片不同，镜头间的衔接需要注意视觉的平衡性和形式的美感，因此，为了运用多幅画面构成一个视觉整体，就需要镜头画面的前后构图具有一定的契合性，使它们相互照应，从而产生流畅的视觉感知和平衡的视觉形式，进而给观众带来和谐的审美效果。

6.4 设定粗略图中的节奏

节奏的节即停止，奏即启动，大体上可以理解为事物的停止与运动。故事的节奏就像季节更换、昼夜交替、是有规律、有层次、有韵律的变化过程。视觉节奏和听觉节奏等形成影片统一的节奏，影片的节奏取决于剧情的发展。

一般来讲，矛盾冲突越尖锐、情节变化越剧烈的地方，节奏越快，反之节奏较为平缓。当然，有时激烈的冲突也会伴随沉稳的节奏，给人一种沉重感，震撼观众的心灵，或轻松的情节伴随明快的节奏，并不会让人产生紧张感。

6.5 完善分镜图

在分镜图有了一个粗略的草图后，即该有的镜头全都绘制完成，镜头中的所有元素均有体现，或者该标注的都有提示，为了更清晰、准确地进行后续的工作，可以在草稿的基础上完善分镜图。例如，草图中的树木、房子和人物等都只是简单的几根线条，这些只能大概体现画面中有这些元素，但具体是什么样的房子、树木、人物都不是很清晰，需要将它们完整地展现出来，包括人物的具体动作等，便于后续动画中的元素造型能更明确，如图6-4所示。

图 6-4

 注意 一般绘制这种线稿的前提是要有充分的时间，且不耽误后期工作的时间。

6.5.1 细节处理

细节的处理是在完善稿件的基础上，将元素需要强调的细节进行图层处理，让所有的元素能更真实地呈现出来。例如，人物的神情、饭碗中剩饭洒落的动态、画面前景与背景元素的层次细节、线条变化细节等，都需要更为清晰地绘制出来，如图6-5所示。

图 6-5

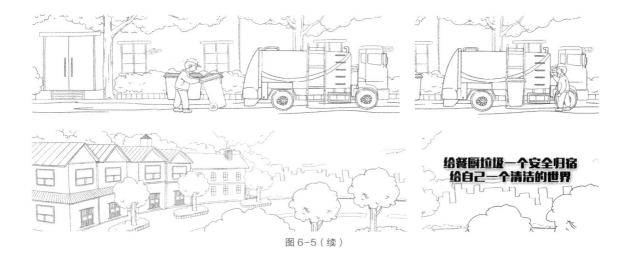

图 6-5（续）

6.5.2　添加阴影

阴影在一幅动漫作品中非常重要，它是体现元素体积感、层次感、空间感的一个非常重要的因素。阴影一般包括角色和环境的阴影。它们绘制的方法基本一样，都是铺在线稿上且带有些许透明的笔触。要根据阴影范围来运用不同粗细、根据不同主次运用不同深浅或不同样式的阴影笔触。只要能营造画面的体积感，同时能突出主体，那么阴影的绘制就成功了，如图 6-6 所示。

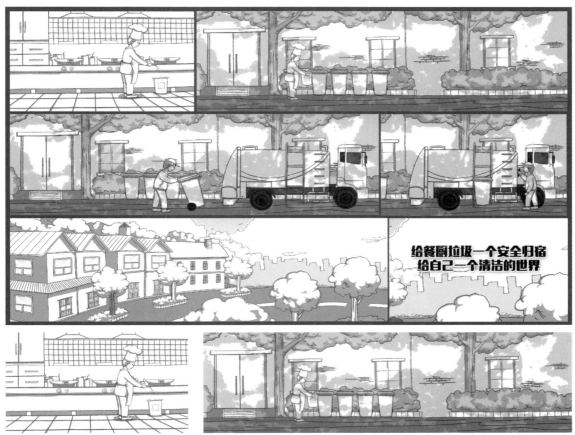

图 6-6

图 6-6（续）

6.5.3 情绪变化

一部成功的动漫影片能给观众带来起伏跌宕的心理感受。由故事剧情变化产生的影片情绪变化、角色的表情变化等能带动观众的情感变化，如恐惧、高兴、惊吓等。环境的变化也会带动观众的情绪变化，如一片落叶，就能给人带来悲凉的感觉；一束阳光照射下来，就能让画面变得温暖；小鸟飞过鸣叫几声，就带来生机，让人觉得快乐。

正如这组分镜，镜头由室内转到室外，由阴影下转到阳光下，这些变化就是一种情绪的变化。餐厨产生的垃圾，使人有点低落的情绪，之后在环保人员的默默努力下，把垃圾放到垃圾车上，保护着这城市清洁的环境，使片子定格阳光下，充满正能量。最后在定版中添加两只小鸟，让环境变得更有活力，如图 6-7 所示。

图 6-7

6.6 上色

在线稿完成的基础上，开始为分镜上色。分镜上色主要分两部分：背景与角色（会动那部分），两部分要分开上色，人物角色一层，背景一层。

上色的第一步是铺大色块，先将画面的明暗关系、元素的基本色彩等区分出来。从图 6-8 所示的上色结果可以看出，画面中的所有元素都有了一种颜色，不过色彩显得不协调，每种都显得孤立。

图 6-8

在整体颜色铺好后，开始调整画面的氛围、环境和色温等，可以加入一些特效，让画面显得更加协调、融合，这样看着就舒服很多了。例如，在室外的画面中，添加了一束阳光，让氛围变得更温暖，不仅让环境明亮起来，也呼应了该片的主题，如图 6-9 所示。

图 6-9

6.6.1 学习色温

色温的作用是控制氛围、饱和度和通透度。

1. 控制画面的氛围

在色彩应用中，不同的色温能产生不同的氛围。偏蓝的色温能产生一种冷、酷、富有科技感的画面氛围，而偏暖的色温能产生一种温暖、怀旧的气氛。

2. 控制画面的饱和度

暖色温会增加暖色的饱和度，降低冷色的饱和度；冷色温能增加冷色的饱和度，降低暖色的饱和度。在图 6-9

中可以看到增加了暖色温，后面的
云彩就变得饱和，这是一个很实用
的技巧。

3. 控制画面的通透度

这和控制饱和度有关系，适当
的色彩饱和与搭配，能更突出画面
的质感与细节。如果一张图片的色
温拉到了色彩溢出，那么细节也不
复存在，这张照片就毫无细节了。
就像为什么闪光灯的色温必须是
5500K一样，因为这样的色温最
能还原通透真实的皮肤。冷色温与
暖色温对比如图6-10所示。

图6-10

6.6.2　创建基色

在绘制动漫时，为了方便，同
时提高工作效率，常会把重复使用
的人物、道具等的颜色数值制作出
来，在分配不同工作时，只要是同
一人物、同一环境，颜色数值都是
一样的。别人接手工作时，只要有
相应的色板就可以了，这样可以绘
制准确的颜色数值，大大提高工作
效率，如图6-11所示。

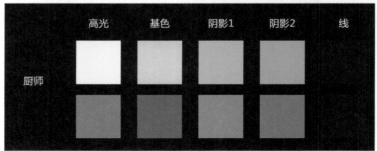

图6-11

03

角色与场景绘制

第 7 章

角色头部的绘制

本章主要内容

◆ 角色头部的多种风格　　◆ 头部的标准比例结构和多角度结构

◆ 五官与表情的绘制　　　◆ 头发的绘制

本章讲解头部的绘制，通过两个实例来解析头部的结构、不同绘制方法和创作思路，再通过五官的比例、表情、头发等几个部分来图解学习，并对每个部分的要点一一进行解析，为头部的多样化创作打下重要的基础。

7.1　角色头部的风格

7.1.1　实例：简约型"胡子大叔"的绘制

简约不等于简单，它是经过深思熟虑后加以创新得出的设计和思路的延展，不是简单的"堆砌"和平淡的"摆放"。下面通过一个角色头部的实例来解析简约漫画的绘制技法。

简约型的角色头部设计，基本上是用几何图形组成的人物头部造型。每个部位都是一个几何图形，通过组合产生奇妙的视觉效果。先看看最终效果，如图 7-1 所示。

在绘制漫画前，需要先了解头部的基本结构，因为不同角色的头部结构和比例是不一样的。这里的头部是一个长长的胶囊形，长长的鼻子把眼睛和嘴巴的距离拉得很大，胡子和头发的表现形式是一样的，整个角色是一个呈得意状态的大叔形象。

图 7-1

01 绘制头部。首先画一个长长的胶囊形，再用几根简单的线条定位出眼睛、鼻子、嘴巴的位置，如图 7-2 所示。

02 把嘴巴刻画出来。嘴巴呈奸笑的状态，也就是嘴角往一边翘，还露出两颗大大的牙齿，再加上两只椭圆形的大耳朵，角色的形象便立刻跃然纸上了，如图 7-3 所示。

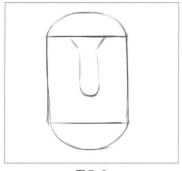

图 7-2

> **！注意** 由于该漫画极为简单，在刻画局部时，能够一笔到位的就不需要提前画线稿了，这里的线稿主要是定位五官的位置。

图 7-3

03 下面画出眼睛和眉毛。眼睛紧靠在鼻子根部，两个圆圈内各有一个小黑点（眼珠），眉毛的位置参照上端的参考横线，这里把一边的眉毛稍微扬起，为了表现角色得意的特点，并与翘起的嘴角形成呼应，如图7-4所示。

04 头发的造型像一顶唱大戏的帽子，胡子的造型是由一个个圆形连起来的，像一串珠子。为了表现大叔的形象，在嘴巴下加了一撮三角形的小胡子，这是大叔的标志，如图7-5所示。

⚠ 注意　翘起的眉毛必须和翘起的嘴角呈相反方向，这是一种视觉的平衡效果。

图7-4

图7-5

05 下面开始画正稿。可以用Illustrator、Photoshop和CorelDRAW等软件来完成，在Illustrator中相对比较方便。先把草稿导入软件中，再把相应图层锁定，再在这个图层上方新建一个图层，作为正稿绘制层，如图7-6所示。

06 头部的线条基本都是几何图形，因此可以直接对这些几何图形填颜色。在上色时，要注意头发、胡子和耳朵的对称关系，如图7-7所示。

07 将眉毛再细致地刻画一次，把眼睛用两个线框勾勒出来，眼珠就是两个小圆形，如图7-8所示。

图7-6

图7-7

图7-8

<u>08</u> 用红色把嘴巴勾勒出来，牙齿填充为白色，嘴巴内部填充为红色，如图 7-9 所示。

<u>09</u> 此时的耳朵是一个平面，没有结构线。这里只需简单地在耳朵内添加两笔，便可让耳朵变得有体积感。此时，整个头部已经完成，但仔细观察，会发现头部显得比较平，体积感不够。一般正面头部的体积感表现都离不开鼻子，这里也不例外，把鼻子改成较深的红色，再加上高光，可以看到鼻子和面部之间的空间立刻拉出来了，最终效果如图 7-10 所示。

图 7-9

图 7-10

7.1.2　实例：夸张型"可爱的小萝莉"的绘制

夸张是为了达到某种表达效果，运用丰富的想象力，在客观现实的基础上有目的地对事物的形象、特征、作用、程度等方面着意夸大或缩小。下面通过一个简单的实例来解析夸张型漫画的表现手法。

这是一个非常可爱的女孩子头部的夸张表现，整个头部基本由 3 个部位占据了主要画面，即眼睛、嘴巴和头发。这 3 个部位都利用夸张手法进行了夸大处理，如水汪汪的大眼睛和张开的大嘴巴几乎充满了整个脸部，头部两侧垂挂了两缕卷起来的大辫子。一个生气的可爱女孩子头部表现最终效果如图 7-11 所示。

图 7-11

01 把头部的基本大型勾勒出来，再用十字线标记出头部的朝向。注意头部不是一个完整的圆形，而是在圆形的基础上勾勒出脸部的外轮廓，如图 7-12 所示。

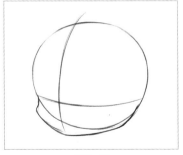

图 7-12

注意

头部的朝向通常用十字线来定位，十字线除了定位朝向，还可以定位出五官的位置，如十字线的纵向线用于定位脸部的中心位置，横向线用于定位眼睛的基本位置。由于该头部要进行夸张处理，所以横向线在头部偏下的位置，这和正常头部的眼睛位置是有明显区别的。

02 在十字线的横向线处画出眼睛，因为需要夸张处理，所以眼睛基本占据了整个脸部的三分之二。注意眼睛是要有一定透视关系的，左边的眼睛比右边的眼睛要小。眉毛和嘴巴，用简单的几笔定位一下即可。耳朵的位置基本与眼睛平行，如图 7-13 所示。

03 上一步中定位的嘴巴并不是最终的嘴巴造型，因为是一个生气愤怒的表情，所以嘴巴需要进行夸大处理，这里嘴巴裂开的比较宽，还露出了两排牙齿，如图 7-14 所示。

04 眼睛没有高光就不会显得灵动，这里眼睛的高光比较多，会让眼睛的湿润感更加强烈，如图 7-15 所示。

图 7-13

图 7-14

图 7-15

05 下面开始刻画头发。为了让女孩更可爱，这里把两条大辫子的造型画得跟两朵花一样，和普通的辫子造型区别开，如图 7-16 所示。

06 至此，头部粗略的线描稿完成，开始画正稿，进行精确的勾线，首先把脸部的外形线条画得稍粗一点，如图 7-17 所示。

07 把眼睛填上黑色，嘴巴的线条浅一点，要和脸部的轮廓线进行区分，脸部以下的脖子、衣领线条也要画得轻一点，这样脸部的轮廓会显得更加立体，如图 7-18 所示。

图 7-16

图 7-17

图 7-18

08 开始勾画头发的细节。注意刘海儿和大波浪卷发的线条朝向，大波浪头发是往外高高翘起的。两条大辫子的尾部也是弯弯翘起的，有一种开花的效果。注意头发的线条要画得轻柔、流畅，如图 7-19 所示。

09 这里在辫子的卷发部位增加了几笔复线，以增加辫子卷起来的细节，如图 7-20 所示。

10 再次画出眼睛的高光。至此，女孩头部的线描稿刻画完成，如图 7-21 所示。

图 7-19

图 7-20

图 7-21

11 开始为人物上色。这里给角色选择粉色系颜色。首先给头发、皮肤和衣服分别上颜色。注意，每一个部位的颜色为一个图层，以方便后面的修改，如图 7-22 所示。

12 画出头发的暗部，但要设定光源的位置，确定了光源的位置，才能确定头发的暗部画在哪里。这里的光源在人物正前方，因此暗部会比较小，如图 7-23 所示。

13 深入刻画人物的体积感。首先把眼睛的留白部分画出来，之前的黑眼珠不是完整的眼睛。然后把头发的高光部分画出来，让头发显得更有质感，为了让头发的体积感更强烈，这里在头发的中间喷了一层淡淡的粉白色，让头发有一个渐变色的过渡效果。脸部也可以用这种方法增强体积感，在皮肤的暗部用一种比皮肤略微深一点的颜色进行喷涂即可。至此，整个角色的颜色绘制完成，最终效果如图 7-24 所示。

图 7-22

图 7-23

图 7-24

7.2 头部的标准比例结构

头部的标准比例最常见的就是三庭五眼、四高三低。

1. 三庭五眼

三庭五眼指把正脸长度分成三等份、宽度分成五等份的脸部比例，以眼睛的宽度作为一个单位参考，正脸为5个单位眼，如图7-25所示。

三庭：指从前额发际线到眉骨，从眉骨到鼻底，从鼻底到下巴底。

五眼：指从左耳根到左眼外眼角，左眼，两眼之间，右眼，右眼外眼角到右耳根。

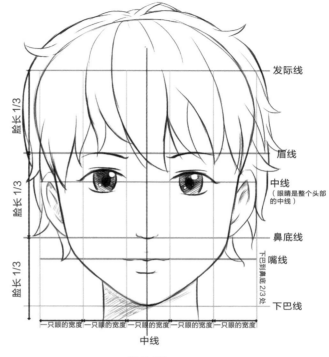

图 7-25

2. 四高三低

四高三低指在正侧视时，观察头部会发现，有四处是凸出来的即"四高"，三处是凹下去的即"三低"，如图7-26所示。

四高：一高是额头，二高是鼻尖，三高上嘴唇，四高是下巴。

三低：一低是鼻梁与额头交汇处的凹处，二低是鼻底下方人中处有小小的凹处，三低是下唇下方有小小的凹处。

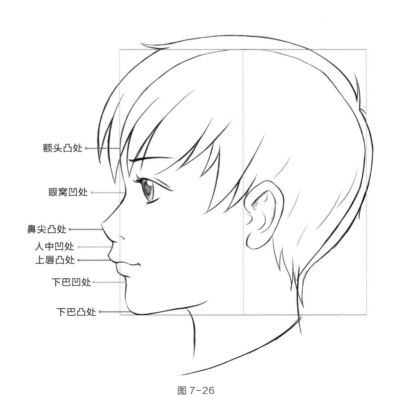

图 7-26

下面是头部颅骨的展示，深入了解颅骨的结构，对于头部的表现会更有帮助，如图 7-27 所示。

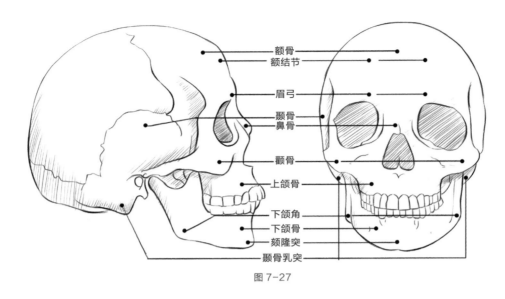

额骨
额结节
眉弓
颞骨
鼻骨
颧骨
上颌骨
下颌角
下颌骨
颏隆突
颞骨乳突

图 7-27

7.2.1　头部的多角度结构

头部运动时，如低头、抬头、回头、侧头等，会产生多种不同的角度，每一种角度下的头部结构的展示效果都是不一样的。为了更准确地了解头部结构的变化，下面从写实效果分别来展示不同角度的头部结构。

1. 仰视

首先绘制头部的简单轮廓，并描绘出头部中间的十字线，用来定位五官的位置和五官的透视角度。注意眼睛的十字线方向是面部所朝的方位，接着在十字线上画出五官。

注意仰视角度下五官的结构。眼睛的下眼皮会遮挡住部分眼珠，而且上眼皮的厚度会比较明显。鼻子部分基本看不到鼻梁，看到的是两个鼻孔。嘴巴主要能看到上嘴唇，下嘴唇会遮挡部分上嘴唇。耳朵的位置从视觉上不再和眼睛平行，而是低于眼睛的位置。下巴的厚度会比较明显，且下巴和脸颊会呈弧线状态，如图 7-28 所示。

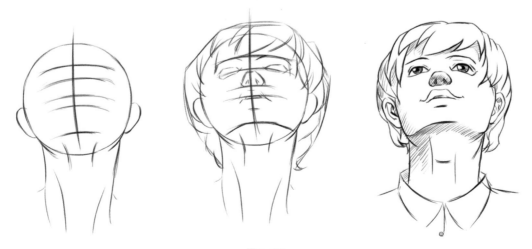

图 7-28

2. 俯视

俯视角度和仰视角度所展示的头部结构基本呈相反状态。例如，首先描绘的头部外形轮廓是一个尖尖的椭圆形，尖尖的部分是下巴。头部十字线部分的弧度是向下弯曲的，代表俯视状态下的曲线效果。眼睛部分看不到上眼皮的厚度。鼻子部分只能看到鼻梁，看不到鼻孔。嘴巴也是只能看到下嘴唇，上嘴唇几乎看不到。耳朵的位置会高于眼睛，如图 7-29 所示。

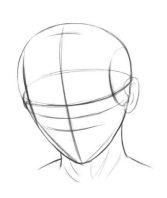

图 7-29

3. 侧面俯视

侧面俯视角度下和正面角度下的头部结构完全不同，因为基本只能看到五官的一半。这时除了展示基本的五官结构，还要描绘五官所构成的侧面曲线，该曲线由额头、鼻子、嘴巴和下巴构成，该结构的状态决定了一个人物的鲜明特征，如图 7-30 所示。

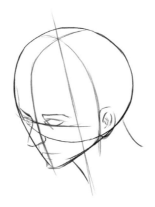

图 7-30

4. 侧视

侧视角度与侧面俯视角度相比少了俯视的效果，这个角度下的人物侧面更加能展现人物的个性特征，因为在这个角度下，人物头部除了能看到头发部分，基本就是头部的侧面轮廓，该轮廓由额头、眼睛、鼻子、嘴巴和下巴构成，如图 7-31 所示。

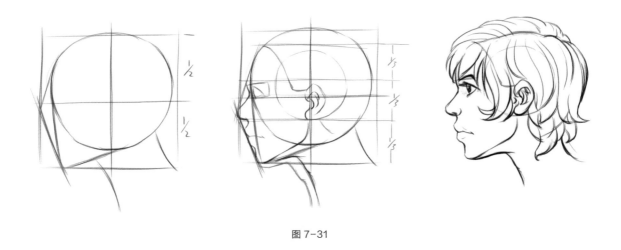

图 7-31

5. 侧仰视

侧仰视角度下的头部基本上是顺时针旋转 45°角的效果，区别就是头发会随着头部的转动而产生不同的效果，如图 7-32 所示。

图 7-32

7.2.2　实例：头部的四分之三侧面结构绘制

　　头部的四分之三侧面是一种最常见的角度，也是最能表现头像体积感的角度。下面通过一个日式的女孩头像实例来详细解析四分之三侧面结构的描绘技法，效果如图 7-33 所示。

图 7-33

1.　结构线描法

　　利用基本的结构线描法，绘制一个圆球，用斜线切出下巴和颈部，用十字线画出面部的朝向，如图 7-34 所示。

图 7-34

　　结构线描法的绘制流程如图 7-35 所示。

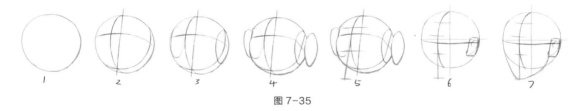

图 7-35

01　画一个圆形表示头部的轮廓。

02　画出结构的十字线，包括头部侧面的弧线，该弧线包括耳朵、脸颊和下巴等的位置。

03　在头部两侧标记出耳朵的位置，用椭圆形标记。

04　画出耳朵。

05　用一根竖线定位出头部五官的上下比例关系，该定位线还准确地定位出了头部的高度。

06　这是垂直状态下的头部高度和五官的位置。

07　将圆形和垂直定位线的底部连接起来，便构成了完整的头部结构效果。

2. 平视的四分之三结构画法

01 利用结构线描法，定位出人物的五官，包括下巴的结构，如图 7-36 所示。

02 按三庭五眼的方法画出具体的五官和头发，如图 7-37 所示。

03 深入刻画细节，包括人物的眼神、发型和嘴形等，因为这是日式风格的人物头部，五官的表现会显得卡通、可爱，如图 7-38 所示。

图 7-36 图 7-37 图 7-38

04 草图完成后，去掉结构线，勾画准确的线描稿。首先勾勒头发的轮廓，因为头发在草图中显得比较杂乱，所以先轻描出头发轮廓，如图 7-39 所示。

05 确定好头发的轮廓后，再用较为流畅的线条勾勒出头发，注意发丝的前后位置和头发线条的轻重关系，这样可以让头部显得更立体，如图 7-40 所示。

06 画出眼睛的线条，眼皮画得厚一点，眉毛首尾要尖一点。日式风格的鼻子通常是简约的一笔。还需注意的是，头发交接处要加重一点，这样可使体积感更强，如图 7-41 所示。

图 7-39 图 7-40 图 7-41

07 刻画眼睛的细节，并把头部的轮廓线勾画出来，再给头部的暗部填充灰色，表现出头部的体积感，如图 7-42 所示。

图 7-42

> **注意** 眼睛的高光方向一般都是面部朝向的方向，通常把光源定在左上方，头部的暗部也是根据此光源来绘制的。

7.3 五官与表情

我们每个人都有五官，一般包括眼睛、眉毛、鼻子、嘴巴和耳朵。每个人的五官各有不同的姿态。五官是人物面部最基本的元素，不同的五官组合搭配，可以画出千万种不同的表情，如图 7-43 所示。

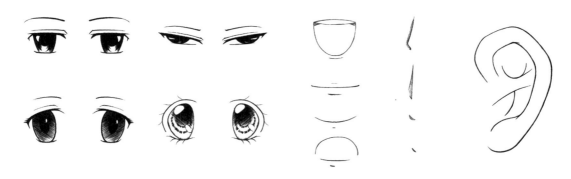

图 7-43

7.3.1 五官的分布与绘制

1. 眼睛

眼睛呈球状，并且嵌在眼眶里，由瞳孔、上眼睑、眼角、眼球、下眼睑、眼尾和眼睫毛组成，如图 7-44 所示。

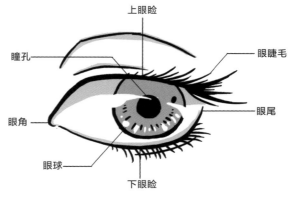

图 7-44

各种眼睛的画法如图 7-45 所示。

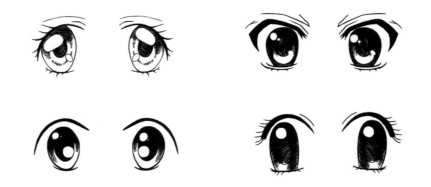

图 7-45

2. 眉毛

眉毛是位于眼睛上方的毛发。眉毛会根据表情的不同，产生不同的变化，如图 7-46 所示。

图 7-46

各种表情下的眉毛效果如图 7-47 所示。

轻松的眉毛： 人在轻松、开心的时候，眉毛自然舒展开，用来表现愉快、开心的表情。

紧锁的眉毛： 当人遇到生气的事，眉毛就会紧锁起来，主要表现生气、愤怒的情绪。

下垂的眉毛： 眉毛下垂又拧紧，往往是因为有点忧愁，用来表现忧虑的情绪 。

女性不同造型的眉毛　　　　　　　　　男性不同造型的眉毛

图 7-47

3. 鼻子

在绘画中，鼻子的基本形状为楔形，通常由鼻梁、鼻尖、鼻翼和鼻孔组成。

写实鼻子的结构如图 7-48 所示。

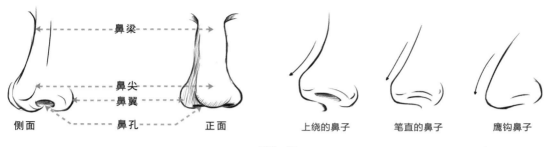

图 7-48

动漫中各种不同造型的鼻子如图 7-49 所示。

图 7-49

在漫画中，有时为了整体效果，设计师会特意把鼻子省略掉，使画面达到简洁可爱的效果，如图 7-50 所示。

图 7-50

4. 嘴巴

嘴唇是由肌肉组成的，嘴巴有各种各样的形态。一般由人中、上嘴唇、下嘴唇、唇颚沟、唇弓、牙齿和舌头组成，而牙齿和舌头在嘴巴内部，通常看不到它们，如图 7-51 所示。

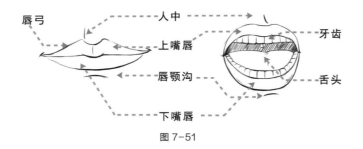

图 7-51

5. 耳朵

在作画中，虽然耳部通常只用简单几笔来表示，但设计师应该要了解如何将耳部的所有细节画出来，如图 7-52 所示。

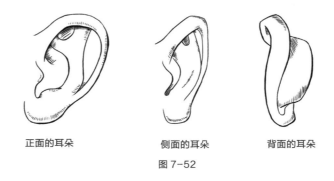

正面的耳朵　　　　　侧面的耳朵　　　　　背面的耳朵

图 7-52

图 7-53 所示为耳朵的延伸效果，也是一些奇形怪状的耳朵表现。

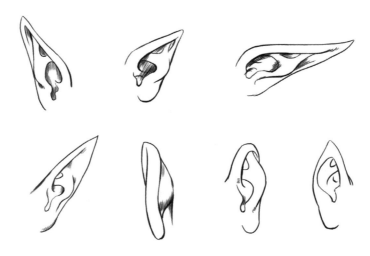

图 7-53

7.3.2　实例：眼睛的绘制

01 画出眼眶和上、下眼睑，画出眼珠的大小，眼珠一般被上眼睑遮住多一些，所以画出来的眼珠是上大下小的感觉，如图 7-54 所示。

02 在眼珠的轮廓中画出瞳孔范围，朝向和眼珠一样，如图 7-55 所示。

03 把眼眶的部分画重、画粗，画上一点眼睫毛，不要太长，把瞳孔涂黑，如图 7-56 所示。

图 7-54

图 7-55

图 7-56

04 在眼珠上将上眼睑的影子画出来，如图 7-57 所示。

05 用排线的方法画出眼睛的灰色部分，如图 7-58 所示。

06 加上高光和反光，眼睛立马灵动起来，如图 7-59 所示。

图 7-57

图 7-58

图 7-59

7.3.3　丰富的表情变化

　　脸部表情的变化是刻画人物的关键，通过人物面部表情，读者可以了解人物内心的感受。丰富的表情富有极大的魅力，能使画面更加生动。下面介绍几种典型表情的特点与画法。

1. 笑脸

　　笑有很多种，如微笑、羞涩地笑、 煞有介事地笑、苦笑、开心地笑，一般表现为嘴角上翘或嘴巴张大，眼睛变细、变弯，如图 7-60 所示。

图 7-60

2. 哭泣

哭泣在情绪波动时经常出现，如委屈地哭、乐极而泣。一般表现为眉毛、眼角往下倾，张大嘴，嘴角向下，脸上挂泪等，如图 7-61 所示。

图 7-61

3. 发怒

发怒一般表现为眉毛上竖、嘴角下扣、眉头紧锁，如图 7-62 所示。

图 7-62

4. 惊

一般表现为张大嘴，瞪大眼，眉毛往上飞起，如图 7-63 所示。

图 7-63

7.3.4 实例：正面角度的五官与表情

这是一个正面角度的五官与表情的实例，画的是微笑的日式风格少女。在正面角度下，五官是对称的，因此人物表情会比较好表现，也就是说，正面角度的五官所展示的表情特征会非常鲜明，五官的每一个表情动作都会完整地展示出来，更容易看出人物的状态，如图 7-64 所示。

图 7-64

01 用圆切出人物的头部轮廓，用十字线定位五官的位置。眉毛、眼睛和嘴巴基本在两条横线的分割区域，日式风格的鼻子距离会比较短，如图 7-65 所示。

02 这里将头发设计成双马尾辫，如图 7-66 所示。

03 细致描绘头发的细节，主要描绘发丝的走向与前后关系，如果要让头发有体积感，可以在暗部添加一些阴影，如图 7-67 所示。

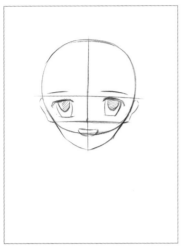
图 7-65

图 7-66

图 7-67

04 勾勒精细线描稿。首先在 Photoshop 中把草稿层的不透明度调低，再复制一层，开始勾勒五官中的眼睛。角色角度为正面，而且眼睛大大的，这种情况下，眼睛的上眼皮通常要画得比较厚，眉毛画成细细的即可。眼睛的高光通常是两到三个，会显得水汪汪的。由于是完全正面的效果，因此可以先画一只眼睛，然后进行复制、翻转，如图 7-68 所示。

05 需要注意的是，五官的整体风格要统一，如尖尖的鼻子、尖尖的下巴，耳朵也是略带尖角，这样角色的特征就会比较鲜明，如图 7-69 所示。

06 脸部表情完成后，开始绘制头发，头发要用流畅的线条勾画出来，如图 7-70 所示。

图 7-68

图 7-69

图 7-70

07 描绘头发的细节，为头发添加一些发丝走向，把头发的体积感绘制出来。注意，头发和五官的风格是统一的，如图 7-71 所示。

08 给头发加上颜色。至此，正面的头部便绘制完成了，如图 7-72 所示。

图 7-71

图 7-72

7.3.5 实例：四分之三侧面的五官与表情

四分之三侧面的头像是最为通用的，因为这种角度下头像的体积感最明显，五官和表情的表现也最为丰富。这里绘制一个温柔美丽、略带羞涩的、微低着头的小姑娘，如图 7-73 所示。

图 7-73

01 画一个圆形，不要怕画错，可以多画几笔，总有一笔能够达到所需的圆形弧度，尤其是通过画板在计算机上画，画不好，可以随时撤销。圆画出来后，定位四分之三侧面的中轴线，即眼线和鼻线等的位置。用两根斜线画出下巴，由于该头像是略微低头的角度，因此下巴尖角并不是在圆形的正下方，如图 7-74 所示。

02 开始绘制五官。首先用轻淡的线条描出眼睛和眉毛，这里的两只眼睛并不是完全平行的，因为在四分之三侧面的角度下五官是有透视关系的。两只眼睛虽然在一条线上，但会进行透视处理。在刚开始定位五官的初始形态时，线条可以轻松、自然一点，如图 7-75 所示。

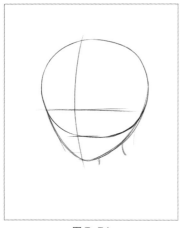

> **⚠ 注意**
> 由于眼睛不是常规的几何图形，要画好这种透视变化的眼睛，需要平时多多观察，不同角度下两只眼睛的透视关系也是不同的。

图 7-74　　　　　　　　　　图 7-75

03 头型和五官大概绘制出来后，就可以画人物的发型了。该女孩是中长直发，发梢略垂搭在肩上。画出人物尖尖的脸部轮廓。至此，头部的草稿基本完成，如图 7-76 所示。

04 这次的精准勾线从头发开始。头发的线条一定要流畅、顺滑，不要断断续续，更不能有重复的线条。画头发时，通常需要给头发构建一些前后的层次关系，让头部显得有体积感。这种长长的垂发，一定要在脸部的两边都画一些，而且两边的头发长度尽量不要一样长，要根据透视关系，近处的长一些，远处的略短一些。画完头发后，画脸部轮廓，脸部轮廓是最关键的部分，它分割了五官和头发的区域，而且脸部轮廓线也是展现人物面部特征的重要部位，如图 7-77 所示。

05 画五官，从眼睛开始。这种温柔甜美型的女孩，眼睛通常显得含情脉脉，略带羞涩，因此眼睛会略呈"囧"形。勾画眼睛时，首先把眼眶确定好，再画出瞳孔，如图 7-78 所示。

图 7-76　　　　　　　　　　图 7-77　　　　　　　　　　图 7-78

06 画眼睛的高光，通常高光是由一个主光加上两个反光组成的，这样才会使眼睛通透，如图 7-79 所示。

07 给人物的头发上色。至此，一个漂亮的羞涩姑娘就画完了，如图 7-80 所示。

主光就是光源的方向，如
果要给人物添加阴影，就
一定要注意光源的方向，
不要把光源画得很混乱。

图 7-79

图 7-80

7.3.6 实例：侧面角度的五官

    侧面角度一般只能看到一半的脸，通过这一半可以想象另一半脸，因此在画侧面脸部转折的地方时，就需要考虑结构是如何转折过去的，只有通过这种空间的想象，才能把侧面画得有体积感。这里画的侧面头像是一个有着学生发型、尖尖的鼻子和下巴的美丽女孩，如图 7-81 所示。

图 7-81

01 从头部开始画，先勾画出头部的基本轮廓，即一个圆形，如图 7-82 所示。

02 由于正侧面角度只能看到脸部的一半，因此在圆形的基础上用斜线画出尖尖的下巴，在圆形中间画出十字线，如图 7-83 所示。

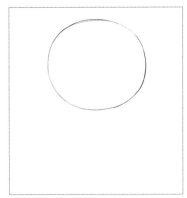

图 7-82

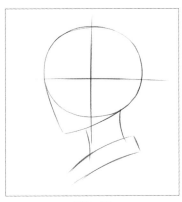

图 7-83

125

03 正侧面的头部有四高三低的特点。四高：一高是额头，二高是鼻尖，三高是上嘴唇，四高是下巴。三低：一低是鼻梁与额头交汇处的凹处；二低是鼻底下方人中处小小的凹处；三低是下唇下方小小的凹处。根据这些特征来画侧面的轮廓线。耳朵在十字线的正下方，与眼睛平齐，如图 7-84 所示。

04 正侧面的眼睛只能看到一只，如图 7-85 所示。

05 设计发型。学生发型通常把耳朵露出来，刘海是与眉毛平齐的。为了增强头部的层次感，可以把另一侧的发梢也露出来一点，这样会显得更有空间感。至此，线描草稿就基本完成了，如图 7-86 所示。

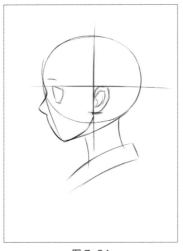
图 7-84

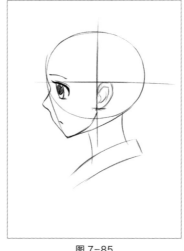
图 7-85

图 7-86

06 开始勾画精细线条。用轻一点的线条画头发，侧面轮廓线画得要有轻有重，能够把侧面的虚实感表现出来，同时也能够让人联想到另一个侧面的存在。最后给眼睛加上高光，线描稿勾画完成，如图 7-87 所示。

07 给头发上色，效果如图 7-88 所示。

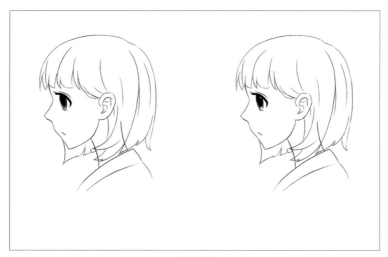
图 7-87

图 7-88

7.4 头发

首先需要了解头发的结构、生长规律、数量、软硬和发质等。头发除了给人增加美感之外，还起到保护头部的作用。夏天可防烈日，冬天可御寒冷。

图7-89中，1是头部正面的基本状态，2为发际线和头发生长范围，3中的头发是根据头型绘制的，细软蓬松的头发具有弹性，可以抵挡较轻的碰撞。由无数的头发丝组成发束，长短不一，错落有致，前后层次分明。

7.4.1 头发的组成

头发由发旋、鬓发、刘海和发梢组成，如图7-90所示。

发旋： 通常人都有一个发旋，多位于头顶部，或偏左，或偏右。少数人有两个或三个发旋，也是头发的生长走向的起点。

鬓发： 生在耳朵前方的头发。

刘海： 前额位置的头发，有的发型是没有刘海的。

发梢： 外轮廓线收拢到一点，就形成发梢，也就是头发束的尾部。

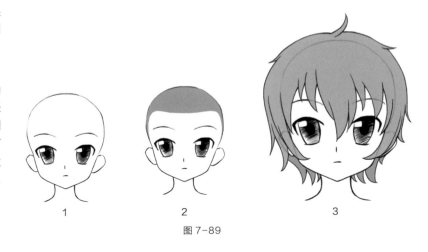

图7-89

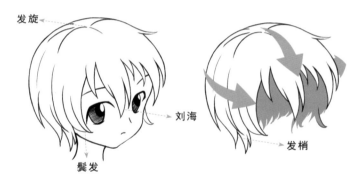

图7-90

头发的组成有另一种更通俗的说法，即头发是由发束组成的，发束有以下几种类型，如图7-91所示。

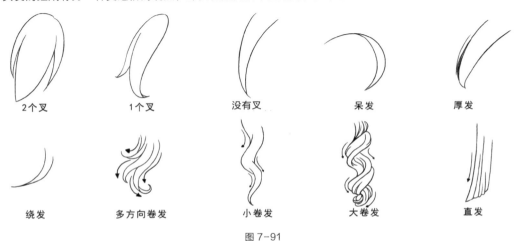

图7-91

发束是由走向一致的发丝形成的，不同走向的发束会根据头型，形成自然发型，如图7-92所示。

图 7-92

短发的正侧面、四分之三侧面、正面的头发效果如图7-93所示。

图 7-93

7.4.2　头发的种类

下面是各种类型的女孩发型。

中长发：这种发型有点学生气质，有青春、活泼、可爱的感觉，如图7-94所示。

双马尾辫：这是一种扎在脑后两侧的发型，给人年轻、活泼的感觉，主要用于学生，如图7-95所示。

单马尾辫：这是最常见的束发样式，各种角色都可以用，运动时马尾辫产生的摆动让角色显得利落、开朗，如图7-96所示。

图 7-94　　　　　　　　　图 7-95　　　　　　　　　图 7-96

大卷发： 这是一种蓬松的大波浪卷发，让少女显得娴静、甜美、华丽，如图 7-97 所示。

长直发： 这是一种让角色产生文静、含蓄、害羞气质的发型，如图 7-98 所示。

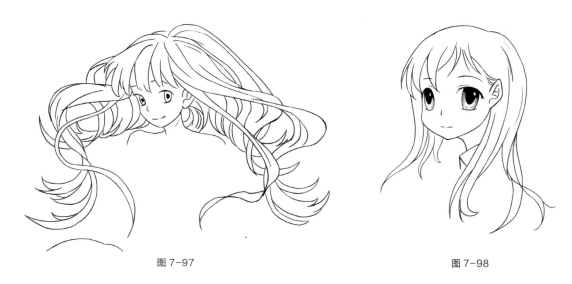

图 7-97   图 7-98

7.4.3　实例：单马尾辫的绘制

该实例主要介绍单马尾辫绘制技法。单马尾辫女孩是回眸的姿势，这种回头动作比较大，导致头发有被甩出去的效果。该发型前额有刘海，耳前有鬓发和发梢等，头发的几个组成要素都有体现。最终效果如图 7-99 所示。

图 7-99

01 画出人物的基本形态，这种回眸的姿势要注意后脑勺的角度，整个头部是倾斜的状态，如图 7-100 所示。

02 根据人物的动作描绘头发的形态。这种单马尾辫的头发是悬空飞起来的效果，并不是单一的垂落状态，因此发束有一种摆动的动感。发梢会随着甩动产生随机翘起来的效果，刘海也会因为甩动有较大幅度的错落感。马尾辫的扎结处要用较重的笔画来描绘，让马尾辫有一种明显在头后面的感觉，如图 7-101 所示。

03 五官的描绘从眼睛开始，头是呈倾斜状态的，注意头部的透视，以及眼睛所看的方向，如图 7-102 所示。

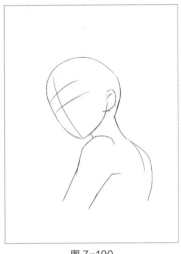
图 7-100

图 7-101

图 7-102

04 草稿线完成后，再把人物形态勾勒出来。注意手臂与脖颈、头部之间的关系，手臂是在最前面的，因此要刻画得突出一点。脸要稍后于手臂，脖颈的线要压得重点，这样才能支撑起整个有动感的头部，如图 7-103 所示。

05 把头发的外轮廓勾勒出来，线条要描绘得流畅一点，这一步只是把头发的基本外形勾画出来，并没有添加任何细节，如图 7-104 所示。

06 刻画头发的细节。首先加重头发的外轮廓线，交接处的线条也要加重，绘制一些发丝的结构走向线，让发束感更加强烈，如图 7-105 所示。

图 7-103

图 7-104

图 7-105

07 线稿勾画完成后，把线稿的颜色调得灰一点，让线稿的色彩和人物的色彩更和谐。给人物的皮肤和头发进行大面积上色，注意头发和皮肤颜色要分图层处理，如图 7-106 所示。

08 给画面添加一些光感。这是一个背光的效果，受光面会比较小，且都在人物的边缘位置。画这种光面时要新建一个图层，便于对光进行调整，如图 7-107 所示。

图 7-106

图 7-107

09 有了阳光照射后的金发美少女，头发色彩变得更饱和、明亮，且体积感更强了。注意，这里的头发光面多画了一层，这一层对于头发的体积表现尤为重要，绘制方法就是新建一个图层后，将图层模式改为"叠加"，再选择喷枪类型，喷枪的不透明度调至 20%，然后用金黄色在头发靠近边缘的部分薄薄地喷一层。喷涂会产生渐变的效果，因此很容易表现体积感。脸部的腮红用粉红色进行喷涂，很容易就把人物的皮肤效果画出来了。加上高光后，画面就变得清澈透亮。最终效果如图 7-108 所示。

图 7-108

第 8 章

角色的全身造型

本章主要内容

◆ 不同年龄人物的身体特征   ◆ 身体形态的各种姿势   ◆ 头身比例关系与比例差异变化

◆ 手臂与腿部的动态造型与比例   ◆ 身体的多角度透视

本章主要介绍角色构建的表现形式，通过直接展示、突出特征等表现形式来标准化设计角色造型，用最有效的、最简洁的方法完成角色构建，并创造好看、简单、可辨认的造型。

8.1 不同年龄人物的身体特征

在绘制漫画时，要将故事中的人物介绍给读者，就得掌握不同年龄和不同性别的人物画法、比例关系、年龄特点，以及将人物的身体语言表现到极点，使得剧情生动而打动人。

不同年龄的人物画法如图 8-1 所示。

婴儿： 特点是胖乎乎、圆墩墩的，且头显得特别大，额头宽，看不到脖子，身长是等分的，四肢要相对短一些。

儿童： 特点是头较大，手脚的线条较细而且比较短。

年轻女性： 特点是线条比较细腻，肩部略斜，整体成曲线形，腰部很细，胸部隆起，臀部较大，脚踝较细。

年轻男性： 特点是线条有力，肩部较宽，胸部成扇形，腰比肩窄，脖子较粗，脚显大。

中年女性： 特点是要比年轻的女性更强调曲线，眼睛略小，微胖，脚踝较粗。

中年男性： 特点是比年轻男性略胖，头发较稀疏。

老年女性： 特点是弯腰驼背，肩部略斜，膝盖略微弯曲。

老年男性： 特点也是弯腰驼背，但两脚分开，膝盖有点弯曲，肩部较窄，若再画上拐杖就更显老了。

    婴儿   儿童女性 儿童男性 年轻女性   年轻男性   中年女性   中年男性   老年女性   老年男性

图 8-1

8.2　身体形态的各种姿势

　　身体动作的表现就是人物情绪的表现，各种动作姿势必须尊重人体的运动、地球引力的规律。我们从最简单的蚂蚁人的画法开始，把人物身体各个部位简单化处理，再按动作画出人物的骨骼和肌肉，如图 8-2 所示。

图 8-2

图 8-2（续）

8.2.1 实例：女性角色叉腰的身体造型

这里通过一个人物的几个关键绘制步骤简单地介绍人物造型的描绘方法，这是一手拿着大刀、一手叉腰的年轻女性的造型表现，如图 8-3 所示。

图 8-3

01 要准确地抓住人物的姿态，首先要绘制人物动作的火柴人结构，要注意人物站姿动作的透视关系，这种略带左侧透视关系的人物，肩膀的标准线会略向右下斜，髋骨的标准线是略向左下斜的，如图 8-4 所示。

02 在火柴人的基础上添加人物的体积结构，先把人物各个部分的体积关系简略地表示出来，这样能基本知道一个角色的胖瘦。标示这些体积关系时，需要注意人物的透视变化，确定该角色的水平中心在哪个位置，如在脖子处，那这些表示体积关系的透视圆圈也需从上到下有不一样的透视变化，大腿根部的透视圆圈是最接近圆形的，如图 8-5 所示。

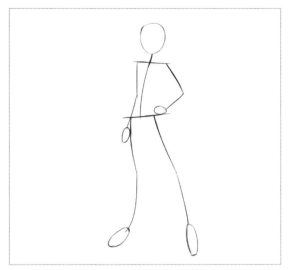

图 8-4

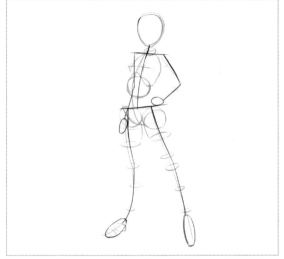

图 8-5

03 接下来需要把人体的结构画出来，把人物的形体更准确地描绘出来，对人物的姿势及各个部分的透视关系进行修正，包括姿势的细节描绘，如左手叉在腰间，如图 8-6 所示。

04 在草稿的基础上描绘出干净的最终线稿，同时添加一些辅助道具，这里在右手上增加了一个冷兵器，同时给身体添加上运动型衣服，如图 8-7 所示。

图 8-6

图 8-7

8.2.2 实例：狼走路的动态

下面通过一匹狼的关键绘画步骤来介绍动物角色的造型表现。动物角色千变万化，它们不像人物那样有较多的统一标准，对于很多关键的造型细节，需要对角色有非常清晰的了解，才能描绘得惟妙惟肖，如图8-8所示。

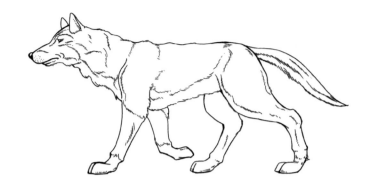

图 8-8

---

01 狼是一种靠四肢行走的动物，首先用直线画出狼走路的动态，如图8-9所示。

02 在大动态的基础上，描绘出狼身体各个部分的体积关系，体现出狼的基本特征，如图8-10所示。

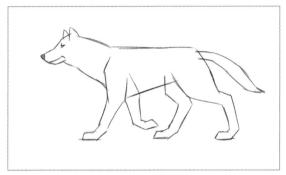

图 8-9

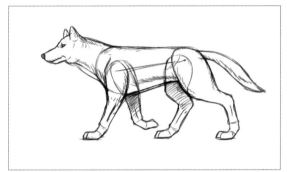

图 8-10

---

03 狼全身都长着厚厚的毛发，轮廓线可以画得蓬松一些，而不是一条直直的线，一般健壮的狼（任何健壮的角色都有的基本特征）结构线会比较明显,这里可以在狼的身体结构上绘制一些毛发线，以突出其身体的肌肉部分，如图8-11所示。

04 加深狼的外轮廓线，绘制得较粗一点，让形象更加突出，如图8-12所示。

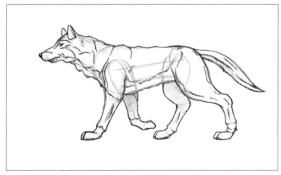

图 8-11

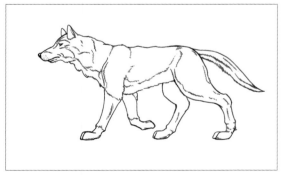

图 8-12

8.3 头身比例关系

在漫画中，不同的头身比除了表现不同年龄之外，还能表现人物的体型。通过把握人物的头身比，可以表现出各个不同的人物角色。与 Q 版人物的圆润可爱不同，正常人物比较接近现实人物头身比。成熟人物的主要特征是腿部线条比较修长，如图 8-13 所示。

图 8-13

1. 2 头身

2 头身为典型 Q 版人物创作比例，在写实的漫画作品中通常用于表现婴儿，如图 8-14 所示。

2. 3 头身

3 头身表现出来的人物年龄感觉会弱化，表现效果会显得萌萌的，很可爱，如图 8-15 所示。

2 头身

图 8-14

3 头身

图 8-15

3. 4 头身

4 头身表现的是 6~8 岁的儿童，也有一些漫画中为了将人物表现得更加可爱，会有意将人物的头部放大，如图 8-16 所示。

4. 5 头身

5 头身为塑造中学生美少女常用的比例，用于表现一些娇小的女生，如图 8-17 所示。

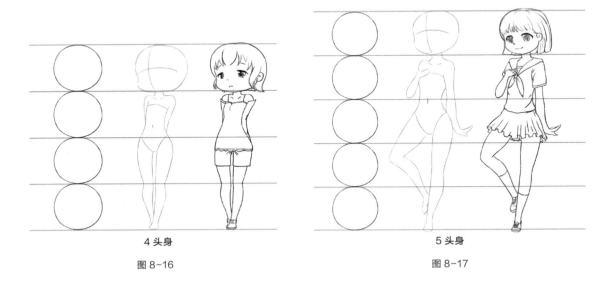

4 头身

图 8-16

5 头身

图 8-17

5. 6 头身

6 头身多用来创作青春、可爱的角色，有时也可用于年龄大一些的人物，给人瘦小、柔弱的感觉，如图 8-18 所示。

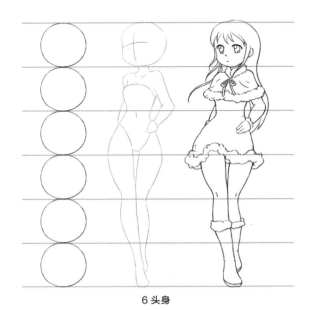

6 头身

图 8-18

6. 7~8 头身

7~8 头身是标准人物的身体比例，可使人物显得修长、柔美、高挑、干练，如图 8-19 所示。

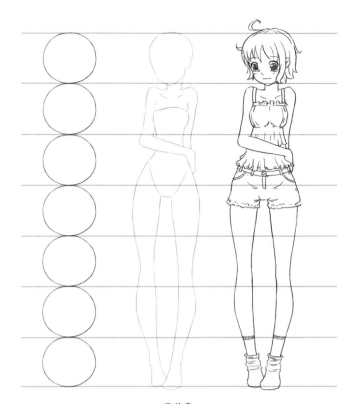

7 头身

8 头身

图 8-19

7. 9头身

9头身用于年龄偏大、成熟性感的人物，容易让人产生敬畏感，如图8-20所示。

9头身

图8-20

8.4 头身比例的标准与变化

标准身高人物比例是用头部骨骼大小作为标准来计算身高的，以脚底为起点，头顶为止点，通常把人物分为 8 个头身高，如图 8-21 所示。

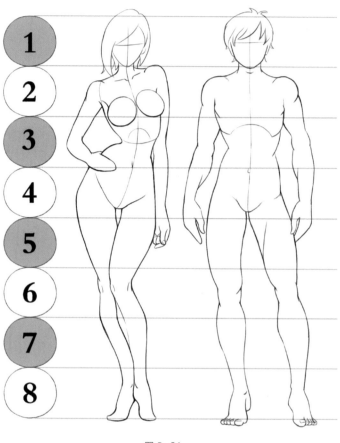

图 8-21

上身部分： 胸部位于第 2 个头长上，腰部位于第 3 个头长的 1/2 处，大腿根部内侧位于第 4 个头长的 1/2 处，如图 8-22 所示。

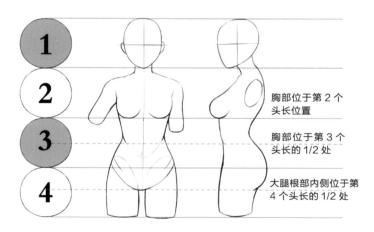

胸部位于第 2 个头长位置

胸部位于第 3 个头长的 1/2 处

大腿根部内侧位于第 4 个头长的 1/2 处

图 8-22

比例变化：一般是由年龄变化决定人物的比例变化，在第8.1节中就讲到了不同年龄的人物的身体比例变化。这里主要讲的是标准身高的比例变化，在人物设定中，不同人物会有不同特点，如表现美女会突出大长腿的特点，这样在绘画时就要灵活调整人物的比例关系，如图8-23所示。

比例的变化重点在于脖子的长度、胸的位置、大腿根部的位置（大腿根部位置越高，角色的腿就越长），在图8-24中，人物1为标准身体比例，人物2上身的部分缩短了，胸部提高了，腿部变长，有种女神的感觉，人物3和人物2一样，上身的部分缩短了，胸部没有提高，让少女更具青春活力。另外，发量的变化也会使角色给人的感觉发生变化。

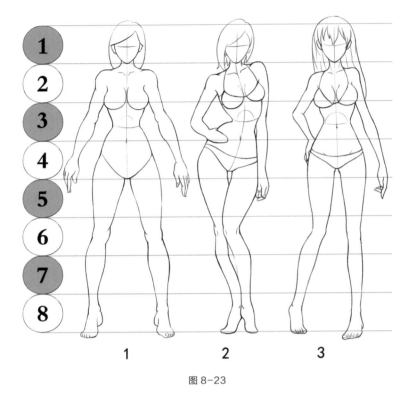

图 8-23

8.5 男女角色的比例差异

男女角色的差别主要体现在躯干部位。从宽度看，男性肩宽大于臀宽，而女性肩宽小于臀宽；从长度看，男性由于胸部体积大，显得腰部以上发达，而女性由于臀部的宽阔显得腰部以下发达，如图8-24所示。

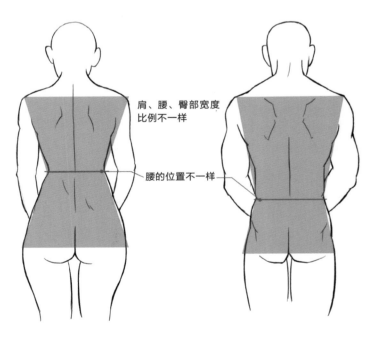

肩、腰、臀部宽度比例不一样

腰的位置不一样

图 8-24

此外，男女角色虽然全身长度的标准比例相同，但各自细节是不相同的，如图8-25所示。

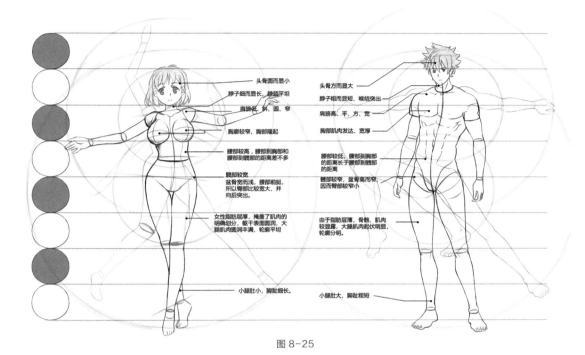

图 8-25

1. 女性

- 头骨圆而显小；
- 脖颈细而显长，脖颈平坦；
- 肩膀低、斜、圆、窄；
- 胸廓较窄，胸部隆起；
- 腰部较高，腰部到胸部和腰部到髋部的距离差不多；
- 髋部较宽，盆骨宽而浅，腰部前挺，臀部比较宽大，并向后突出；
- 女性脂肪层厚，掩盖了肌肉的明确划分，躯干表面圆润，大腿肌肉圆润丰满，轮廓平坦；
- 小腿肚小，脚趾细长。

2. 男性

- 头骨方而显大；
- 脖子粗而显短，喉结突出；
- 肩膀高、平、方、宽；
- 胸部肌肉发达、宽厚；
- 腰部较低，腰部到胸部的距离长于腰部到髋部的距离；
- 髋部较窄，盆骨高而窄，因而臀部较窄小；
- 由于脂肪层薄，骨骼、肌肉较显露，大腿肌肉起伏明显，轮廓分明；
- 小腿肚大，脚趾粗短。

8.6 手臂的动态造型与比例

　　手臂是人类劳作的肢体，手臂的动作能反映人物的心理，如非常紧张时，双手会紧握；放松时，手会微微张开等。只有了解手臂的结构比例，才能更好地表达手的语言，如图8-26所示。

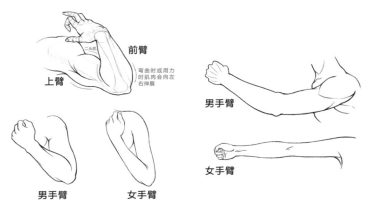

图 8-26

　　手包括手腕、手掌、手指三大部分。手呈扇面作辐射状与腕关节相连。四指的指向汇向一点，如图8-27所示。

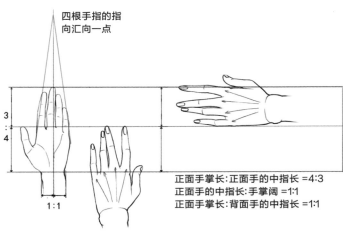

正面手掌长：正面手的中指长 =4:3
正面手的中指长：手掌阔 =1:1
正面手掌长：背面手的中指长 =1:1

图 8-27

　　手指有长有短，从长到短按顺序排依次是中指、无名指、食指、小指和大拇指。手指一般分三节（拇指为两节），内侧是三等分，外侧第一节等同第二、三节之和，如图8-28所示。

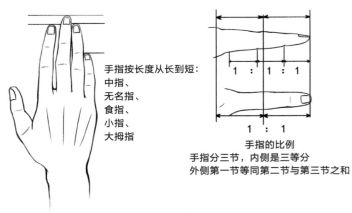

手指按长度从长到短：
中指、
无名指、
食指、
小指、
大拇指

手指的比例
手指分三节，内侧是三等分
外侧第一节等同第二节与第三节之和

图 8-28

8.7 腿部的动态造型与比例

　　了解腿部需要先了解一些关于腿部的骨骼和关节等知识，这对于腿部的动态造型有非常大的帮助。大臂肱骨对应的大腿骨叫股骨，小臂尺骨对应的小腿骨叫胫骨，和桡骨对应的叫腓骨。胫骨和腓骨没有进化成可左右旋转的结构，更没有一头大、一头小。胫骨是支撑人体重量的主要骨骼，比腓骨粗大很多。腓骨在胫骨外侧，比较细小，辅助支撑身体重量。股骨和胫骨的关节上还有一小块骨骼称为髌骨，和上臂的尺骨鹰突起相似作用。

8.7.1 结构要点

　　● 股骨上方盆骨外侧有一个转折，转折点突向体侧，称为大转子。大转子骨头虽然突出，却嵌在盆腔体侧的一个凹窝之中，称之为大转子窝。这是因为这个结构周围包裹着臀大肌、臀中肌、阔筋膜张肌和股外侧肌等发达的肌肉组织，如图 8-29 所示。

　　● 膝关节周围有股骨外髁、胫骨内髁、胫骨外髁、髌骨、胫骨隆突和腓骨小头等骨骼要点。

　　● 脚关节内髁是胫骨下头，外髁是腓骨下头，胫骨下端内踝高于腓骨下端外踝点，形成关节轴的倾斜角。

　　● 股骨长轴与力轴线夹角为 5°~10°，平均 6°。下肢力轴线与小腿长轴一致，与重心垂直线成 3° 夹角。股骨长轴线与膝关节平面线夹角称股骨角，75°~80°，女小男大。膝关节平面线与下肢力轴线（小腿长轴线）夹角称胫骨角，85°~100°，平均 93°。

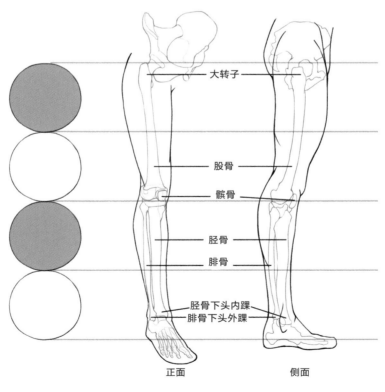

图 8-29

8.7.2 实例：呆萌酷男的手脚造型

通常在绘制角色漫画时，并不是所有角色都是以标准的姿势呈现的，如果遇到跳、坐、蹲、爬等姿势，角色的比例关系也会随之发生变化，前面所讲到的关系、标准、比例等问题，都不再适用了，这是因为透视关系改变了这一切，在透视的基础上，要学会应用夸张的手法来进行角色的造型表现。

图 8-30 所示为一个坐在地上的男性角色，由于有透视关系，其腿部和头部之间的变化非常大，下面就运用夸张的手法来描绘角色。

图 8-30

01 这是一个大透视角度下的角色，脚离观者最近，也最突出。勾勒出人物姿势的大体结构线，如图 8-31 所示。

02 给人物添加衣服，可以看到此时的人物手脚是处于最显眼的角度的，因此在该漫画中，手部和脚部的描绘是最重要的，这一步就要准确地画出角色各个部位的结构变化，如图 8-32 所示。

图 8-31

图 8-32

03 在大结构图的基础上，把手和脚的细节绘制出来，手部有一个非常优美的翘指动作，加上脚部的翘趾动作，让角色显得非常俏皮，如图 8-33 所示。

04 开始勾勒人物线稿，手脚的线条可以画得粗些，因为这是重点突出的部位，如图 8-34 所示。

图 8-33

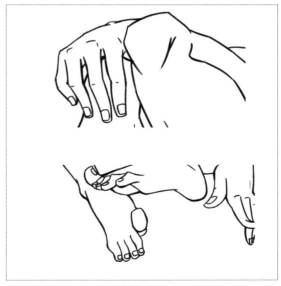

图 8-34

05 隐藏草稿线，查看最终效果，如图 8-35 所示。

06 在手脚细节的表现中，男性手脚可以画得方而有力，同时可以有一些粗细的变化，如图 8-36 所示。

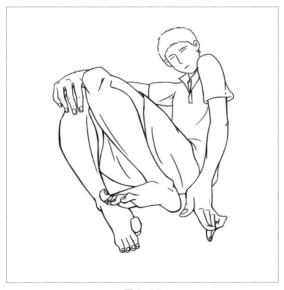

图 8-35

图 8-36

8.7.3　实例：动物角色的脚部造型

动物角色的脚大部分都有爪子和毛发，因此它们的细节描绘并不会比人物少。这里描绘的是一种猫科动物的后脚部位，其结构与人物完全不同，关节是向后弯的，如图 8-37 所示。

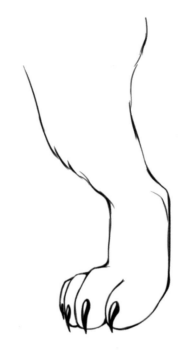

图 8-37

01 把脚的大结构概括出来，如图 8-38 所示。

02 深入刻画脚部的结构细节，让腿部和脚部的形态更清晰。猫爪从这个角度看就像一个蒜瓣，中间两个脚趾是最大、最高的，两边的脚趾略低一些，如图 8-39 所示。

图 8-38

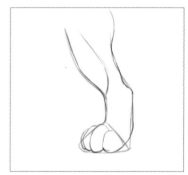

图 8-39

03 把腿部和脚部的细节描绘出来。可以看到在添加了锐利的爪子后，脚的形态立马呈现了出来。给爪子添加一些高光效果，让其更有体积感，如图 8-40 所示。

04 隐藏草稿线，线描看似简略，却表现出一条非常有力量的腿，如图 8-41 所示。

图 8-40

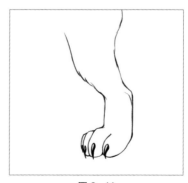

图 8-41

8.8 身体的多角度透视

角度与透视是要求在二维空间的平面上表现出三维空间的体积感，如同样的物体近大远小等。因此，透视规律在画面构图上的运用起着决定性的作用，透视变化是绘画构图变化的现实依据。

1. 角度与透视

视平线： 平行于视点的一条线叫视平线。

灭点： 物体的纵向延伸线与视平线相交的点叫灭点，如图 8-42 所示。

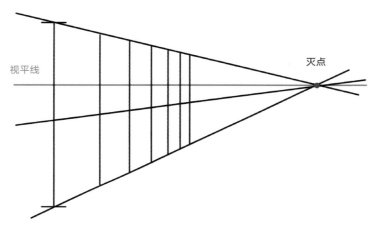

图 8-42

2. 一点透视

一点透视在漫画中是最常用的，也是最简单的透视规律。一个物体上垂直于视平线的纵向延伸线都汇集于一个灭点，而物体最靠近观察点的面平行于视平面，这种透视关系叫一点透视，也叫平行透视。

一点透视常用来表现笔直的街道，或用来表现原野、大海等空旷的场景。在画物品的一点透视图时，首先要找出灭点，通过灭点延伸出透视线，如图 8-43 所示。

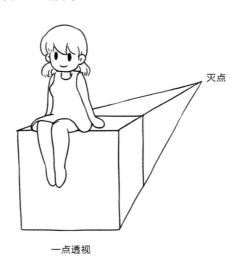

一点透视

图 8-43

3. 两点透视

两点透视也是漫画中常用的基本透视规律。一个物体平行于视平线的纵向延伸线，按不同方向分别汇集于两个灭点，物体最前面的两个面形成的夹角离观察点最近，这样的透视关系叫两点透视，也叫成角透视，如图8-44所示。

两点透视常用于画街道一类的景物，可以将远景的物体处理得较虚，近处的物体画得细致些，而且，不论建筑物有多少，其透视线均应分别相交于两个灭点，这样画出来的景物透视才会准确。

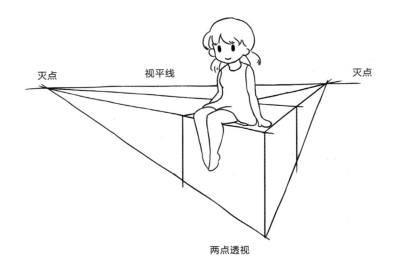

图 8-44

4. 三点透视

在两点透视的基础上，所有垂直于地平线的纵线的延伸线都汇集在一起，形成第三个灭点，这种透视关系叫三点透视。三点透视只限于仰视或俯视，如图8-45所示。

三点透视常运用于表现建筑物高大的纵深感。两点透视和三点透视相比，三点透视对于建筑物高度的表现是最到位的。

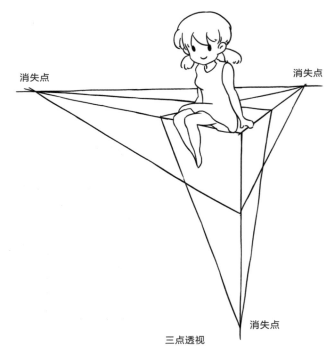

图 8-45

5.人物的透视

把人体比作一个长方形，人体各部位看作是一些小的长方体，这样人体不同角度的透视可看作长方体不同角度的透视。从上到下，从头部的仰视到脚部的俯视效果如图 8-46 所示。

图 8-46

俯视： 从正面或是背面正上方的角度来画，需要考虑其透视关系。该角度下头部最大，脚尖处最小。头部大，肩膀也大，和脚比起来手略长、略大。

斜上方： 斜上方的角度最有纵深感。肩膀隆起，肩与脚平行稍斜，脸朝下，头很大，看不见脖子，越往下越小，给人的感觉是腿短身长，如果在地面上画上阴影效果会更突出，可以特别清楚地表现双腿垂直于地面的感觉。

仰视： 仰视就是从下往上看，画出肩膀上有颈部的感觉。脸朝上，比较小。腿比上身要长，略粗些。该角度下的脚是最大的，越往上越小，给人感觉腿长身短。俯视和仰视正好相反。

在绘制人体时，必须要做到"意在笔先"，才能更好地把握每个角度的透视变化。

8.8.1　实例：胖体型角色的身体透视

　　胖体型角色的整体外形就是几
个圆形气球衔接在一起，像婴儿一
样圆圆的，如图 8-47 所示。

　　胖体型角色身体各个部位的形
态比较夸张，因此其比例不能按照
正常的比例来描绘，其透视的变化
也会比正常角色的透视变化大。

图 8-47

01 概括描绘出胖体型角色的外形，各个部位都呈现一
种圆弧的形态，如图 8-48 所示。

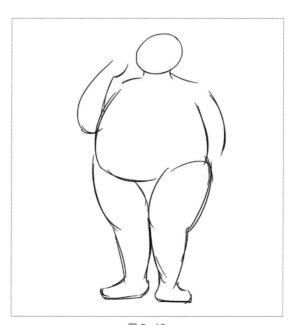

> **!** **注意**　人物抬脚时腰部的赘肉会产生层叠，这是由于
> 抬脚导致腰部赘肉往上挤压。

图 8-48

02 根据人体结构，把身体特征添加上去，如臃肿的肚子、软塌的胸部等。再画出人物的动态感，主要是抬手和抬脚的动作，如图 8-49 所示。

03 把人物的透视结构线添加上去，这一步可以检查角色的结构和身体透视关系是否有问题，同时可以根据透视和人体结构调整人体的造型，让其更加准确，如图 8-50 所示。

图 8-49

图 8-50

04 根据人体的结构，给角色添加衣服，由于身体宽大，这里将衣服描绘得比较少，让其肉部呈现得更多，如图 8-51 所示。

05 勾勒出线稿，去掉草稿线，给衣服填充灰色，这样胖体型角色的整体形象就绘制完成了，如图 8-52 所示。

图 8-51

图 8-52

8.8.2 实例：瘦体型角色的身体透视

　　瘦体型角色有着标准型身材，通常给人一种俊美有力的感觉。绘制时要注意人物身高的设定，这里的人物身材是比较标准的比例，如图 8-53 所示。

图 8-53

──
01 勾勒出人物动态的大体结构线，这是一个大角度的透视，脚离视点最近，其比例也比较大，其他部位均可按照标准比例来描绘，如图 8-54 所示。

──
02 勾勒出人体的结构细节，同时可以对其结构比例进行修正，让结构更加准确，如图 8-55 所示。

图 8-54

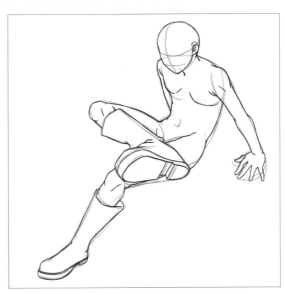

图 8-55

03 只有结构比例准确，添加的衣服、头发等要素才会更符合结构，看着才会舒适，如图 8-56 所示。

04 加强重点部位的结构线，用粗线进行描绘，主要是前面的脚部，其他部位用正常粗细的线描绘即可，如图 8-57 所示。

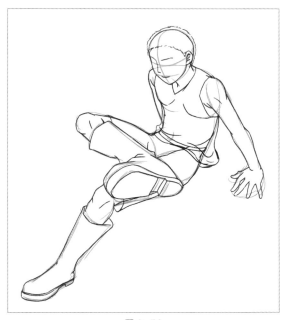

图 8-56

图 8-57

05 去掉草稿线，给鞋子和头发填充颜色，这样一个俊朗的年轻小伙子便描绘出来了，如图 8-58 所示。

图 8-58

第 9 章
服装和道具的设计

本章主要内容 ————————————

◆ 服装和道具的构成与风格　　◆ 服装与角色的搭配　　◆ 通过丰富的实例对服装的绘制进行解析

◆ 道具绘制基础与角色道具的分类和搭配　　◆ 通过丰富的实例对不同风格的服装与道具设计进行解析

　　本章主要介绍服装和道具对表现人物的形象和性格所起的作用，通过人物服装的绘制，准确、恰当地去塑造角色，以及根据角色的设定添加服装。

9.1　服装的分解

　　人们常说的"衣食住行"，衣排在首位。衣服是指人们用各种材质的布料，如棉布、丝绸、天鹅绒、化学纤维等做成的用于遮蔽身体或御寒的东西。在不同的场合穿着不同的服装，能够体现人物的形象、性格和品位。

9.1.1　服装的基本构成

　　服装一般由内外衣组成，内衣包括文胸和内裤等，如图 9-1 所示。

图 9-1

外衣包括吊带、背心、衬衣和外套等，如图 9-2 所示。

图 9-2

裤子包括长裤、短裤、七分裤和九分裤等，如图 9-3 所示。

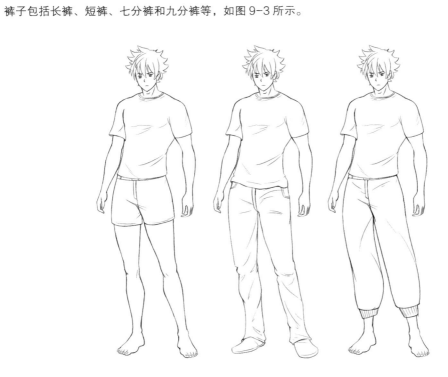

图 9-3

裙子包括短裙、长裙、连衣裙
等，如图9-4所示。

图9-4

9.1.2　服装的风格

服装的风格有很多说法，漫画中应用最多就是校园类、职业类、运动类和古风类等。不同风格的服装能体现不同人物的性格特征与气质，同时也能表现出不同地域的风情，或者暗示不同气候的变化，如图9-5所示。

校园类　　　　　　休闲类　　　　　　职业类　　　　　　古风类

图9-5

9.1.3　实例：服装与角色的搭配

服装可用来辨识不同职业或不同团体，如学生、老师、警察和律师等，通过不同的着装去表现不同的身份，也可以通过着装特点表现人物的精神状态，如刚睡醒的人，衣着是宽松的、凌乱的。

下面展现 4 个季节着装的变化，以及不同着装的不同表现技法，如图 9-6 所示。

| 春装 | 夏装 | 秋装 | 冬装 |

图 9-6

1. 春装

春装是指春季时的服装，春天气候冷暖适中，衣着相对刚过去的冬天较单薄，一般为长袖着装。

01 画出人物的躯干，并设定一个女性的轻柔姿势，如图 9-7 所示。

图 9-7

02 刻画出头部的眼睛、鼻子和嘴巴，并将美少女的躯干和四肢详细地刻画出来。这一步的目的是先刻画好人物的身材，为后面的不同着装打下基础，如图 9-8 所示。

03 春季女性穿卫衣比较多，会显得更有朝气。轻轻地用线条绘制出卫衣大形，并简单勾勒出人物结构，突出部位的衣服纹路与衣服的口袋。衣服的纹路也就是指衣服褶皱，褶皱一般出现在关节弯曲部位，或者身体受挤压的部分，通常线条的表现为交叉效果。交叉线条中，在上面的那条为凸出部分，下面那条为凹下去的部分，如图 9-9 所示。

图 9-8

> **！注意**
> 内衣部分虽然会隐藏在外衣下，但在不同着装下会有某些部分露出来，因此为了能更真实地展现细节，不能忽略它。不过，隐藏在外衣下面的部分可以不用画得过于细致。

图 9-9

04 在画面轮廓的基础上刻画出卫衣的各个细节，刻画时需注意线条的流畅性，同时要富有变化，如图 9-10 所示。

05 勾勒最终线稿，注意外形线较重，这是为了突出人物形体，如图 9-11 所示。

图 9-10

图 9-11

2. 夏装

因为夏季非常炎热，所以夏季服装会显得非常轻盈单薄。

01 女性夏季的连衣裙一般较为单薄，如图 9-12 所示。图中的连衣裙是吊带式的，为了让连衣裙的腰部多一些细节，这里增加了一根丝带，下面的裙摆幅度比较大。

图 9-12

> **注意**
> 裙摆是最为轻盈的部分，因此线条必须画得非常流畅，细节不需要太多，但需要注意裙摆飘动的纹路。

02 在人物轮廓的基础上刻画出连衣裙的各个细节，如图 9-13 所示。

03 连衣裙的线条可以画得柔美些，有种飘动的感觉，如图 9-14 所示。

图 9-13

图 9-14

3. 秋装

秋季的气温有所下降，呈现秋高气爽的状态，一般需要穿两件衣服。

01 秋季的外套比较厚实，线条会有点硬朗，以表现出衣服的厚度，但要注意褶皱的用线不要太生硬，依然要注意线条的粗细变化，如图9-15所示。

02 在人物轮廓的基础上刻画出衣服的各个细节，尤其是短裙的下摆褶皱部分，虽然褶皱较为密集，但依然要保证褶皱的线条走势正确，同时还要保持线条的流畅性，如图9-16所示。

03 从最终的效果可以看到，整个外套的线条显得比较硬朗，其内衣和短裙的线条处理得比较轻柔，这种对比能将女性内柔外刚的性格体现出来，如图9-17所示。

图9-15　　　　　　　　　　　图9-16　　　　　　　　　　　图9-17

4. 冬装

冬天是一年中最冷的季节，衣服的主要功能是保暖，特点是比较厚实。

01 冬天的棉衣、外衣常有毛茸茸的装饰，会显得暖暖的，又不失女性的柔美特征。首先绘制出衣服的大概外形特征，不需要刻画过多的装饰细节，但需要将衣服的基本特征描绘出来。这里通过底部的棉絮来体现衣服的厚度感，再通过衣服上的短线条来表现衣服的紧身感，如图9-18所示。

02 在轮廓的基础上刻画出衣服的细节。需要注意的是这是一件连衣裙，那么衣服的线条要尽可能一气呵成，从袖子到裙摆的轮廓线条尽量要流畅，不要有明显断开的感觉。因为是厚厚的冬装，所以肯定会有褶皱，褶皱主要是为了表现衣服的厚重感。冬季的服饰往往还少不了一些毛茸茸的东西，如毛耳罩和手套等，如图9-19所示。

03 由于冬装褶皱比较多，在刻画时往往会无意间多添加许多不必要的线条，在最终的线描稿中，可以尽量减少衣服上的细节线条，让画面显得更加简洁、清爽，这样女性的曲线特征也会更明显，如图 9-20 所示。

图 9-18   图 9-19   图 9-20

 冬装连衣裙里面添加了一件毛线衣，这里仅通过简单的几笔就将毛线衣的特征表现了出来。

9.2 服装的绘制基础

在前面的章节中，具体地介绍了关于服装构成和搭配的基础知识，并通过一些简单的实例，解析了不同季节的服装搭配与绘制。要绘制出准确、生动的服装效果，还需要注意服装绘制的基本要求，例如，褶皱部分的绘制原则，服装与道具的搭配原则，以及不同风格服装的绘制技法等。下面通过一些具体的实例对服装的绘制进行解析。

9.2.1 褶皱的绘制

褶皱是在重力作用、挤压、拉伸、风力作用下产生的，而且不同的体形会产生不同的褶皱。褶皱一般分为上肢常见褶皱、下肢常见褶皱和身上的固有褶皱。上肢常见褶皱是指人手臂提起来，肘关节弯曲时，服装会产生相应的拉伸和挤压褶皱；下肢常见褶皱是指随着腿的弯曲、伸展，服装也会形成相应的挤压、拉伸褶皱；衣服的固有褶皱是指当人物长时间穿同一件衣服，身上大量重复的小型交叉褶皱存在时，就容易在布料上形成残留的褶皱。所有的这些褶皱都取决于人物的动态姿势，同一部位在不同姿势下所产生的褶皱效果也不同，如图 9-21 所示。

一块布在不同的状态下，会产生不同的褶皱效果，如挂在一个支点上，产生的褶皱是垂落的效果，褶皱会比

较直；挂在两个支点上，则除了有垂落的褶皱，还有两个支点间的弧形褶皱。

人物的衣袖在拉伸和弯曲的姿势下，褶皱的变化也不同。而裤子在同一姿势下，不同角度褶皱的绘制手法也是不同的。人物衣服在拉扯或绷紧的状态下，会产生一些汇聚或扩展的褶皱效果。

图 9-21

9.2.2　实例：牛仔衫和牛仔裤的表现

牛仔衫和牛仔裤都是我们喜欢的衣着，因为收身效果很好，所以穿上去显得又酷又帅，而且不论男女老少都适宜穿着。牛仔服装的褶皱是最有特色的一种，它的褶皱基本都是比较硬朗、尖锐的，容易体现出人物刚强的性格，如图 9-22 所示。

图 9-22

01 画出人物的人体结构线稿，人体的结构对于衣着的体现非常重要，因此要把比例、大小画准确，如图9-23所示。

02 根据牛仔服装的特点，用粗略的线条画出衣服和裤子，一定要依据人体结构线来画。而且服装一定是包裹在人体外部的，绝对不能有穿插在人体结构线内的服装线条，人物结构线条一般是指人体的主要轮廓线，如肩膀、手臂、腰部、臀部和腿部的轮廓线。如果最终的服装所呈现的效果不满意，可以对人体结构进行相应的调整，如图9-24所示。

图 9-23

图 9-24

图 9-25

图 9-26

图 9-27

03 刻画牛仔衫的细节。细节部分主要添加了一些虚线，这是牛仔服装的裁缝特点。细节的刻画还有褶皱部分，牛仔服装的褶皱线条比较硬，尤其是手臂关节部分的褶皱是比较尖锐的。在画较硬材质的服装褶皱时，除了外轮廓的线条硬朗外，褶皱的线条一定也是锐利的，如图9-25所示。

04 牛仔裤胯部的细节也是非常重要的部分，是牛仔裤较为有特点的地方。这里是一个扩张式的褶皱效果，线条密度非常高，褶皱是以裆部为中心向四周扩散的，如图9-26所示。

05 牛仔裤的膝关节区域也是线条较为密集的区域，这个地方会产生较多的褶皱。通常这里的褶皱用常规的交叉线来表现即可，不过不同角度，褶皱的效果也略有不同。左边的腿是侧面效果，褶皱集中于关节弯曲的部分；右边的腿是接近正面的效果，褶皱通常是在膝关节两侧，如图9-27所示。

06 裤脚部分是最容易忽略的部分，因为牛仔裤硬朗的特点，裤脚部分的褶皱也非常明显，如图9-28所示。

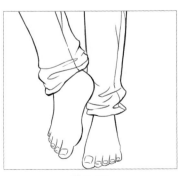

图 9-28

9.2.3　实例：梦幻连衣裙的表现

　　连衣裙是美少女的最爱，这里的连衣裙和前面的夏装连衣裙有着明显的区别。前面的连衣裙是简约款的，这里的连衣裙是华丽款的。

　　华丽的连衣裙往往会有很多的纹饰点缀，这使得连衣裙更加梦幻，而且连衣裙多为轻纱材质，很容易有飘逸感。这款连衣裙设计了大波浪的效果，且搭配不同的饰品，衬托出美少女的青春活力，如图9-29所示。

图 9-29

01 再次使用前面的人体结构线稿，如图 9-30 所示。

02 绘制连衣裙的基本形态。首先把人体结构图的不透明度调低，再依据人体结构概括出连衣裙的形态，连衣裙的裙摆分为 4 个层次，每个层次的裙摆褶皱都是不同的，给最底部的裙摆褶皱添加蕾丝边效果。为了增加服装的飘逸感，在胸前添加了几条丝带，随风飘动，如图9-31所示。

图 9-30

图 9-31

03 刻画整体细节。首先在颈部、
手臂添加饰品，并在连衣裙上添加
一些花纹，增加这些细节是为了加
强华丽感。注意花纹不是随意画在
连衣裙上的，需要根据每层裙摆的
褶皱动态、角度来绘制。这一步只
需大概地勾勒出花纹的轮廓，如图
9-32 所示。

04 下面勾勒出连衣裙的线稿。可
以关掉一些细节线稿层，仅保留连
衣裙的线稿。由于连衣裙的 4 层裙
摆结构复杂，因此在勾勒褶皱线条
时一定要注意褶皱的前后关系，以
及 4 层裙摆的上下关系，如图 9-33
所示。

图 9-32

图 9-33

05 如何处理褶皱的层次关系呢？褶皱的前后关系是由两根线条（如图 9-34 中呈 L 形的线条）交叉后，排在前面
的 L 形线条为前褶皱，排在后面的则为后褶皱，这就是一种前后关系，如图 9-34 中上图的几组线条就是一种典型
的前后关系褶皱效果。还有一种前后关系的线条组合，就是与 L 形是反相组合的，和 L 形的构成原理一样。褶皱的
上下关系也称为里外关系，两层裙摆就是典型的上下关系，通常上下关系由横竖线条交叉构成，如图 9-34 下图所示。

06 继续深入刻画细节。把连衣裙上的细节和花纹绘制出来，完善花纹的造型，并把底部的蕾丝边缘褶皱描绘好，如
图 9-35 所示。

07 清理草稿线，最终的效果如图 9-36 所示。

图 9-34

图 9-35

图 9-36

9.2.4 实例：萌酷盔甲的表现

该实例描绘一身防御力强、便于作战的盔甲型服装，它与其他着装有着明显的区别，硬度极高且有厚度感，没有太多的褶皱。在绘制这类服装时要注意，盔甲的作用就是防御，通常包括护颈、护胸、护膝、护肘、战裙和战靴等装备，这些都是服装的部分。但不同角色的盔甲是不一样的，通常男性的盔甲比女性的盔甲要厚重得多。本实例的关键点是要描绘一身既有战斗力又轻便的女性盔甲，如图 9-37 所示。

图 9-37

01 因为要表现盔甲的轻便效果，所以盔甲不能全部使用金属材质，也就是说只有关键部位呈金属质地，其他部分都呈皮革质地。绘制线条时要有不同的处理方式。首先勾勒出盔甲的基本形态，包括护颈、护肩、护臂、护胸、皮带、战裙、护膝、护肘和战靴等，如图 9-38 所示。

图 9-38

> **注意** 因为盔甲是紧贴皮肤的服装，尤其是手和腿的部分，可以利用人体结构线作为盔甲的外轮廓线，这样处理的好处是，除了可体现盔甲的轻便，还能展示女性的身材。

02 对初稿进行调整。由于盔甲服装的特殊性，初稿往往有很多造型不准确的地方，这一步就要对其进行修饰，让盔甲能更加贴合人体结构，如图9-39所示。

03 草稿线描绘完成后，开始绘制线稿。绘制时将草稿线作为底层进行描绘，盔甲虽然极少有褶皱效果，但它依然有层次，这是因为盔甲的每个部分都是层叠在一起的，描绘方法和描绘有层次的褶皱的方法一样，如图9-40所示。

图 9-39

图 9-40

04 一幅标准的线描稿绘制完成后，开始刻画盔甲的细节，强调盔甲的线条，同时把金属与皮革的特征绘制出来。金属部分是比较坚硬和锐利的，如腿部和手臂的盔甲；皮革部分是相对柔软的，如护胸、皮带、战裙和护膝等，如图9-41所示。

战裙有护臀的作用，而且是人物身体甩动幅度很大的地方，用金属肯定会限制动作的幅度，膝部是弯曲的，也不能用金属。

05 最后，把人体结构线没露出来的部分清理掉，并给盔甲加上少许排线，排线的作用是表现阴影，体现盔甲陈旧的感觉（如打斗留下的痕迹等效果），让盔甲更有质感，如图9-42所示。

图 9-41

图 9-42

9.3 道具的绘制基础

除了人物的服饰表现，我们还可以添加更多的小道具，让人物的个性特点更加突出，让人物的造型细节更加丰满，如适合美少女的蝴蝶结、兔耳朵、翅膀、帽子、眼镜和耳环等。下面学习道具的添加与绘制方法。

9.3.1 道具的分类

道具主要分为生活道具、武器道具、交通道具和饰品等，不同类型的道具作用不同，如武器类道具可体现角色的战斗力，交通类道具可表现场景的效果，饰品类道具可呈现角色的个性特征等。不同类型的道具，其线条的表现也不同。武器类道具的描绘都比较刚硬，直线比较多，饰品类道具通常会根据角色的特征来表现，而生活类道具应结合整个环境的特点来描绘，如图9-43所示。

图 9-43

9.3.2 道具与角色的搭配

道具与角色的关系是非常紧密的，道具也是人物形象的体现，什么人用什么样的道具。例如，在表现可爱的小萝莉和萌妹子时，常会用一些可爱的道具，如可爱的小包包和毛绒公仔等；而表现具有战斗关系的角色时，通常会用一些坚硬的武器来衬托角色。

9.3.3 实例：生活道具

生活道具是指日常生活中用到的物件，在动漫中是非常重要的元素，在影片的生活场景中，这些道具都刻画得十分细致，接近真实物品，目的是吸引观众的眼球。

餐具是生活中常见且能反映角色的品位和性格的道具。餐具的特点是金属感（瓷碟除外）和厚重感。

01 西餐中有匙、刀、叉和碟子，先勾勒餐具的大体形状，如图 9-44 所示。

02 勾勒完整的线稿。第 01 步绘制的餐具形状是平面的效果，这一步要把餐具的厚重感呈现出来，勺子凹进去的部分也要有所体现，注意金属器皿的手柄部分是比较厚的，而它们的头部是比较薄的，但薄不代表没有厚度，这里在它们的侧面用粗线条进行强调，这样所有器皿的体积感便跃然纸上了，如图 9-45 所示。

03 餐具的厚重感绘制出来后，还需要体现它们的质感，金属质感通常有一种反射环境的效果，这种反射极难表现，不可能完整地把环境画在餐具上，这里仅用一些抽象、波动的线条在餐具凸起的边缘描绘了一圈，以代表反射的效果，如图 9-46 所示。

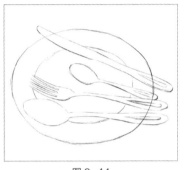

图 9-44

图 9-45

图 9-46

9.3.4 实例：武器道具

武器道具分为热兵器和冷兵器。热兵器是利用燃烧产生的高压气体推进发射物的射击武器，冷兵器是用较硬的物质制作而成的武器，可攻击也可保护自己，如刀、长枪、剑、弓箭和盾牌等。

冲锋枪适用于奔袭开火，射速快、火力猛，适合于冲锋或近战，其材质以金属居多，因此材质较为刚硬，如图 9-47 所示。

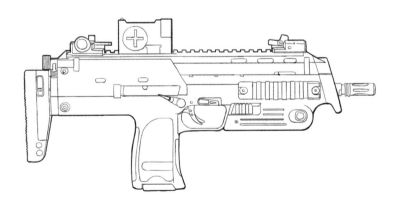

图 9-47

01 把冲锋枪大体形态概括地描绘出来，暂时不要刻画太多的细节，如图9-48所示。

02 绘制枪的各个部件。如果对枪的结构不了解，可以寻找一些参考图作为依据，这样能更准确地描绘出枪的细节，这也是漫画的一种绘制方法，如图9-49所示。

03 勾勒出枪的最终线稿。首先加粗外形轮廓线，线条要流畅有力，以表现枪的厚重感，然后对枪的各个细节结构进行规范处理，该直的要直，该方的要方，这种直线在计算机上用软件绘制比在纸上要方便很多，也灵活很多。枪的最终效果如图9-50所示。

图 9-48

图 9-49

图 9-50

9.4 不同风格的服装与道具设计实例

　　不同风格的服装与道具除了可以表现出人物角色的性格特点与职业身份，还可以推动剧情的发展。例如，一个人从早到晚，服装和道具会有所变化，早上刚起床，穿运动装进行运动，道具是体育器材；白天上学穿学生装，道具是书本和书包；回家后穿生活装，道具是音乐或自行车等；晚上睡觉穿睡衣，道具是伴随入睡的娃娃。下面通过实例来绘制不同服装与道具的组合。

9.4.1 实例：可爱型的服装与道具组合

　　少儿期的女孩子非常可爱，可搭配可爱的服装和道具，如大大的头饰、可爱的学生装、可爱的毛绒玩具，以及她们喜欢的公主坐姿势。在这幅漫画中，最为突出的部分也是其着装、头饰和鞋子，其次是抱着的兔子，该幅漫画很好地呈现出了角色的服装与道具的亲密关系，如图9-51所示。

图 9-51

01 将女孩的形态外轮廓线大致地画出来，并确定好五官的位置和透视关系。这时的线条没有任何讲究，目的就是能较准确地确定人物的姿态，以便进行后面的细节刻画。动作是坐在地上抱着兔子，注意右手和右脚被兔子遮挡住，但右手还能看到，如图 9-52 所示。

02 添加人物的眼睛、鼻子、嘴巴、头发与头饰，以及学生装与鞋子，这一步只是画轮廓，不涉及细节刻画，如图 9-53 所示。

图 9-52

图 9-53

03 深入刻画细节。首先调整人物的细节，把人物的头部和头饰细节描绘出来，如头饰的简单褶皱效果，眼睛和耳朵的细节结构，再将抱着兔子的手部和兔子的细节描绘出来。这样整个角色与道具的形态便基本绘制出来了，如图 9-54 所示。

04 勾勒头部的线条。头发的线条不仅要非常流畅，而且下笔（即线条头部）要轻，然后逐渐加深，直到尾端，线条依然要保持尖尖的笔锋，尤其是尾端两根线条交叉组合而成的一缕头发，由于头发都是一缕缕的，因此要注意处理头发的前后关系，这和处理褶皱的层次关系是一样的。头部效果如图 9-55 所示。

图 9-54

图 9-55

05 继续勾勒所有的线稿。由于这里的道具与角色贴合得非常紧密，为了能体现他们的层次感，线条要处理得分明些，勾勒线稿时，需要注意线条的轻重处理，如在人物与兔子重叠的部分中，人物基本上是在兔子的前面，那么人物线条部分可以画得重一点，兔子线条部分可以画得轻一点。这种轻重的处理，可以让画面的体积感更强，如图 9-56 所示。

06 在线稿上继续添加细节。线稿描绘完成，不代表整幅作品绘制完成。有时一些更精致的细节需要在整体线稿完成后，才能发现哪里需要补充、哪里需要完善。例如，这幅作品里的头饰，可以给它添加一些细节花纹，这样可以让头饰更突出。最终效果如图 9-57 所示。

图 9-56

图 9-57

> **注意**
>
> 要注意细节的刻画，发圈虽然很薄，但为了体现画面的体积感，这里给发圈描绘了厚度。

9.4.2 实例：青春型的服装与道具组合

　　青春期的女孩比少儿期女孩个头要高一些，服装上有着明显的变化，道具组合也会发生改变。这里设置的一组服装与道具的组合情景是，一位穿着连衣裙的女孩带着书包、拿着书本在户外看书。在这幅漫画中，服装与道具的对比比较鲜明，因为这里重点突出的是服装，如图 9-58 所示。

图 9-58

01 简单绘制出侧坐、手拿书本的人体结构，如图 9-59 所示。需要注意的是，这里的人物坐姿视角有些模棱两可，在透视上也容易产生错误。要准确抓住这种不常见的人物姿势，一般没有太多的技巧可言，还是需要靠平时大量的观察和练习。

02 在人体结构的基础上，为人体"穿上"连衣裙，添加头发。由于连衣裙是重点刻画的对象，在画初稿时，衣服的大体形态一定要描绘准确。头发的描绘要注意头部的倾斜姿势，也就是说无论头部往哪边斜，头发基本都是呈垂落状态，它不会紧贴着头部轮廓落下来，如图 9-60 所示。

图 9-59

图 9-60

03 在草稿的基础上深入刻画细节。注意这里的人体结构线与连衣裙的线有所不同，人体线是比较实的。由于连衣裙质地较轻，这里将连衣裙的线也画得非常轻，这是连衣裙最关键的地方。连衣裙的褶皱非常多，而且裙摆实际分成了 3 个层次，因此要注意每个层次的线条不要与上一个层次连接得太紧密，一定要间隔一定距离，如图 9-61 所示。

04 继续添加道具书包和书，先把草稿线去除。由于连衣裙有较为繁杂的线条，在视觉上是联系非常密集的部分，因此书包和书本的表现必须要"疏"，就是说线条要简约。用简单的线条描绘出书包和书本的轮廓，给书本添加厚度效果。为了体现人物的阅读状态，这里将书本的厚度细节画得比较多，不过书本的线条比较浅，如图 9-62 所示。

图 9-61

图 9-62

9.4.3 实例：成熟型的服装与道具组合

　　女孩子长大后，会逐渐变成熟，同时也会越来越吸引人，吸引人的地方主要包括性感的身材，职业的服装与道具。在线条的描绘上也显得比较简约、干净利落，如图9-63所示。

01 在漫画的表现上，往往成熟型女性也有可爱的一面，这可爱的一面通常会通过动作来呈现。先绘制人体动作的大概结构，并为人体穿上衬衫与超短裙，手上还拿着一个精致的手提包，如图9-64所示。

02 深入调整人物的结构与细节。首先刻画出人物的眼睛和鼻子，由于人物处于运动状态，因此头发会有一部分的线条是飘起来的，这样才会让整个动势显得更加真实，如图9-65所示。

图 9-63

图 9-64

图 9-65

03 用流畅的线条勾勒出最终线稿。在勾勒人物轮廓时，衣服部分可以紧密地贴合人体的结构，这会让女性显得更性感。需要注意的是，衣服贴身体说明衣服很紧身，那么在扣子部分要添加一些扩散的线条，强调衣服紧身所导致的绷紧状态。注意腿部是穿丝袜的，而且丝袜比较轻薄，因此仅仅在腿部轻轻地勾勒了丝袜的末端细节，如图9-66所示。

04 清理草稿线，最后完善细节，如给袜子加上蕾丝边，可以让美少女更显成熟、性感，如图9-67所示。

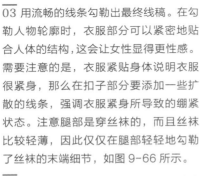

图 9-66

图 9-67

第 10 章

精灵魔怪的绘制

本章主要内容

◆ 精灵与魔怪绘制的区别　　◆ 角色与场景的搭配

本章主要介绍精灵与魔怪的画法及两者的区别，同时为精灵和与魔怪设计不同的道具和场景。

10.1　精灵与魔怪绘制的区别

在动漫中，精灵一般代表着正义，魔怪往往代表着邪恶，所以两者的特性也是相反的。

精灵是一种有灵性的生物，会带给我们温暖、阳光的感觉，而且颜色通常比较鲜艳明亮。它们平时栖息于树上，一般身体发亮，长得非常美丽。它们能和树木花草、游鱼飞鸟彼此沟通，通常居住在森林的最深处，喜欢在夜间活动。

精灵分很多种，有的有翅膀，一般像蝴蝶、蜻蜓的翅膀；有的没有翅膀。它们与人类相比，体型较小，便于飞行。它们的皮肤很细腻、很白，发色都是淡色的，眼睛有许多种颜色。

魔怪（恶魔、怪兽）则给人一种丑陋、恐怖、冷酷无情的感觉，颜色通常比较灰暗。在很多艺术作品中，魔怪是一种虚构的、拥有超自然力量的邪恶存在。动漫中的这些魔怪往往和通常意义上的魔怪有所区别，会有多种类型，如有娇小可爱型的，也有搞笑型的，当然还会有庞大形体的恐怖魔怪，甚至魔怪的形象不一定是反面的、恶意的。

10.2　实例：精灵角色与场景的设计

根据上面对于精灵形象特征的描述，这里通过一个具体的实例来解析精灵的绘制技法。这是一个居住在树林中的、有着美丽翅膀的小精灵，手里拿着种有树苗的树灯飞行于长满彩色蘑菇的树枝间，最终效果如图 10-1 所示。

从效果图可以看出精灵的特征如下。

外表特征：体型较小，头部较大，有着一对尖尖的耳朵和一头淡淡的绿发。服饰是绿色的、有着树叶特点的连衣裙。为了区别于其他精，下半身显示为绿色，有一种与大自然很亲近的感觉。其功能特征是会飞，有一对透明的翅膀，飞舞在丛林间，身体略微发光。

环境特征：绿色的树木体现精灵居住的环境，彩色的蘑菇凸显精灵的可爱。

整个漫画中，角色与道具的搭配非常自然、和谐，每一件道具都是为凸显精灵的特征而存在的，并不会觉得它是多余的。

图 10-1

01 大致地绘制出精灵角色的外形，设定好精灵的动作，画出手里拿着的关键道具（树灯），这时的形体刻画并不需要非常准确，一些细节与道具设计在这一步中也不需要体现，如图 10-2 所示。

02 构思角色的形体细节设计与道具的组合。精灵的五官、四肢与人体是一样的，其服饰是一件根据其特征设计的绿叶连衣裙。为了凸显精灵的美丽，这里给其头部添加了花朵头饰和一串水晶链，加强表现精灵的灵性。精灵手中拿着的树灯是整个画面中最重要的道具，如图 10-3 所示。

图 10-2

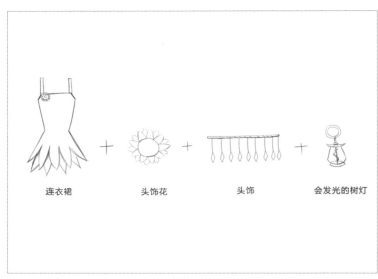

连衣裙　　　　头饰花　　　　头饰　　　　会发光的树灯

图 10-3

03 设计好道具后，将它们搭配到精灵的形体上，呈现出翩翩起舞的状态。这一步需要注意的是精灵的头部设计，主要是为了凸显精灵的可爱，如图 10-4 所示。

04 基本形体和道具绘制出来后，开始勾勒线稿。这里需要注意的是头发部分的细节较多，如勾勒发束要有层次感，因为精灵在飞行中部分头发飘散，张开的发束会比较多，这样线条的描绘就会比较多，那么头发上的花朵和水晶链可以不必描绘得过于明显，保证头发在层次上主次分明，如图 10-5 所示。

图 10-4

> **⚠ 注意**
> 精灵飞舞的状态主要通过头发两端飘散开的发梢和翅膀来呈现，如果头发不飘散，那么飞舞的效果会减弱。因此要表现某种个性特征，应尽可能地通过两个以上的细节来呈现，这样会更有说服力。

图 10-5

05 清除草稿线，勾勒出最终的线稿，如图 10-6 所示。

06 精灵的场景搭配。精灵是生活在森林深处的，场景选择为森林，为了表现精灵的娇小，这里选择树木的局部作为背景，在树枝上增加一些蘑菇作为环境的点缀，让环境也显得可爱。环境的粗略线描如图 10-7 所示。

07 将环境的最终线稿绘制出来。注意环境的线条整体是略轻于角色的，而且在这个环境中，树枝是主体，蘑菇是辅助体，因此蘑菇的线条要比树枝更轻。在最终的线稿中，给蘑菇添加了一些花纹效果，以增强画面的童话感、生动感，如图 10-8 所示。

图 10-6

图 10-7

图 10-8

08 涂上颜色。一般先从角色开始，因为角色是主体，确定好主体的颜色后，再搭配环境色。精灵的头发略带些蓝色，下半身颜色为绿色，这一步的颜色并不一定是最终的效果，因为主体色虽然提前设定了，但它是否能与环境色很好地融合，还需要在后面去进行对比、修正，如图 10-9 所示。

09 确定背景环境的色调，首先整体铺上深蓝底色，这样精灵就被衬托出来了，如图 10-10 所示。

10 给环境背景进行细节配色。把树枝、树叶和蘑菇的颜色区分开来，利用 3 种颜色把树枝的体积感表现出来，如图 10-11 所示。

图 10-9

图 10-10

图 10-11

11 将蘑菇绘制成多彩的，注意多种颜色搭配，尽量让颜色的明度统一，这样颜色不会显得过于花哨。给树枝添加细节纹理，加强真实感，如图 10-12 所示。

图 10-12

12 环境和角色的颜色都设定完成后，通过对比观察，发现此时的精灵肤色是较为真实的人体肤色，如果把精灵的肤色略做调整，将下半身设为绿色，那么精灵会与环境更融合，凸显灵性。最后在画面的周围刷一层深色，此时精灵还是不够突出，因此给精灵和树灯添加了灯光效果，一个可爱、美丽、有灵性的精灵便跃然纸上了，如图 10-13 所示。

图 10-13

10.3　实例：魔怪角色与场景的设计

根据前面对魔怪角色的特征描述，这里通过一个可爱型的魔怪实例来介绍魔怪角色的绘制技法，如图 10-14 所示。

魔怪的具体特征如下。

外表特征： 带着恐怖气息，但造型可爱；肤色灰暗；服饰仅有一件披风；道具主要是一把长长的镰刀，身上还挎着一条武器背带。这样的道具搭配更显魔怪的可爱。

环境特征： 一个颜色深暗的石洞，石洞的远处是出口，近处是一些凌乱的碎石，整体环境略显脏乱。

图 10-14

01 粗略地绘制出魔怪的线稿，如图 10-15 所示。

02 魔怪身上搭配的道具设计都非常简单，往往简单的道具更凸显角色的个性特征，因为这样观者的视觉中心会集中在角色身上，而不是被道具分散了注意力，如图 10-16 所示。

图 10-15

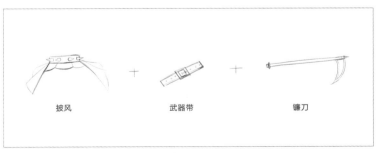

披风　　　　武器带　　　　镰刀

图 10-16

03 刻画细节。该魔怪是一个动物，肢体动作不如人物肢体容易表现，因此这里需要对角色的动态进行细致的刻画，尽可能把魔怪扛着镰刀、紧握拳头、跨步行走的那种嚣张感描绘出来。同时，动物的身上往往有一些皮肤的特征，这里是像癞蛤蟆身上的粗糙皮肤，有一些凸起的斑点，这些斑点的描绘需要根据画面的构图来布置，并不是随意地铺满整个身体的。五官是重要部位，只需要在头部的边缘略画一些斑点；腿部是较次要部位，在边缘略画几个斑点表示即可；其左手是握紧的拳头，在视觉中是最突出的部分，因此需要多画一些斑点，如图 10-17 所示。

04 擦掉草稿线，勾勒出最终的线稿，如图 10-18 所示。

05 搭配场景。这里把魔怪的生活场景设定为乱石堆洞穴，色调偏冷灰，石块较大，洞穴的粗略设定如图 10-19 所示。

图 10-17

图 10-18

图 10-19

06 继续深入刻画环境细节。把场景中石头的明暗画出来，以体现石头的体积感，如图 10-20 所示。

07 绘制最终的线稿。这里需要注意的是石头的轮廓线要画得重些，外形相对都比较稳固，纹理线要直，以体现石头的坚硬感。近景的石头要比远景的石头线条略重，但整体的环境线都要略轻于角色，如图 10- 21 所示。

图 10-20

注意　石头要分布合理，有近有远、有大有小、有密有疏，这样的分布才是最佳的状态。

图 10-21

08 给画面上颜色。给魔怪整体铺上从灰色到深绿色的渐变色，在其手部、肚子和腿部用画笔涂一层淡淡的绿色，以加强角色的体积感。给镰刀铺上红色作为底色，后面会对红色进行调整，如图 10-22 所示。

09 调整魔怪的颜色，加深它身体周围的颜色，不仅让其体积感更加强烈，肮脏感也体现了出来，然后给背景铺上灰蓝色调，如图 10- 23 所示。

10 刻画魔怪的皮肤细节。把环境背景色调整为更灰的深蓝色，同时在皮肤上添加一层淡淡的环境色，让角色与环境统一起来，这样角色会显得更加神秘和恐怖。红色的镰刀过于突出，调整其饱和度和明度，效果如图 10- 24 所示。

图 10-22

图 10-23

图 10-24

11 调整乱石堆的明暗关系。背景是一个洞穴，角色在洞穴里面，而洞穴的外面是有光的，把洞穴颜色绘制成从淡蓝色到深蓝色的渐变，这样不仅有一种光射进洞穴的感觉，也让洞穴有纵深感。洞穴的内部虽然是暗的，但也会受到外面光的影响，发出淡淡的蓝光。最后画出角色的影子，这样整个魔怪的视觉效果便绘制完成了，如图 10- 25 所示。

图 10-25

> **注意**
> 影子的绘制有两种方法：第一种方法是把角色复制一层，整体填充为黑色后，再将它反过来，让影子与角色的脚部重叠，最后给影子做一个从上至下的渐变；第二种方法是手动绘制一层，速度会慢一点。

12 此时整个画面效果基本完成，但仔细观察会发现魔怪的眼睛无神。给魔怪的眼睛添加细节，如瞳孔的高光等。最终效果如图 10-26 所示。

图 10-26

> **注意** 这里给瞳孔和眼白做了一个从外到内的颜色渐变，用以突出眼睛的体积感。

第 11 章

场景绘制的技巧

本章主要内容

◆ 场景在动漫中的作用　　　◆ 场景的空间、构图、氛围解析　　　◆ 通过丰富的实例来解析色调、光影、材质的表现

本章主要介绍场景的绘制，在动漫作品中，表现场景视觉氛围需要将故事画面中不同的场景氛围与特效元素结合起来，只有掌握了场景的构图、光影、色调，才能把故事剧情氛围表现得到位。

11.1　场景在动漫中的作用

场景就是在动漫影片中随着剧情的变化而变化，且围绕在角色主体周围，塑造环境空间、气氛效果和情绪基调等一切环境的造型设计，如角色的生活场所、社会环境等。场景带给观众一种综合性的、复杂的情绪感受，随着剧情的发展，导演通过对画面的处理，即灯光、色彩、结构综合表现，使得观众获得视觉感受，如紧张、恐惧、忧伤和兴奋等情绪。场景具有如下几个重要的功能。

1. 塑造空间

空间是影视动漫场景体现氛围和画面的重要部分，通过线条、黑白对比、色彩冷暖、肌理等来塑造空间。通过表现要素（景观、建筑、道具、人物、装饰等）使空间与情节结构紧密联系，展现符合剧情内容、时代特征、地域特征的环境氛围。空间包括物质空间、社会空间、个性空间，造型性、视觉性与空间性，是动画场景设计的基本特征。因此，动画是属于空间性的视觉艺术，塑造空间是动画场景作为视觉艺术的立足之本。

2. 营造情绪氛围

渲染气氛主要指角色表演与所处景物空间环境的结构布局、色彩搭配、表演空间和特定情绪等，如痛苦、悲伤、压抑、冷漠和浪漫等。它将特定的剧本内容通过镜头的切换、场景的合理调度，利用不同角度、光效、色调、道具及特效技巧，进行人、景间的立体艺术空间构造，完美展现镜头的综合艺术风格和最终效果，从而传达出所需的意境，也就是场景通过色彩和线条等艺术表现手段来渲染气氛，传达故事所蕴含的意境。

3. 烘托角色性格，刻画角色心理

在动画片中，角色与场景是相互联系、相互映衬、相互作用的，通过场景设计与刻画，能从另一个侧面描述和反映出角色的性格、爱好、生活习惯、职业特征等。场景的镜头、构图画面有主次之分，主场景是故事的主导画面，而次场景是具体的，起烘托、陪衬和连景作用的画面。不论是否为主场景，都要起到烘托气氛、调动情绪的作用。

4. 营造气氛，隐喻主题

场景设计师从剧情出发，从角色出发，通过对场景设计要素的有机组织，构建一个表现动画故事特殊、典型情调与氛围的艺术空间形象。例如，用明快的色彩表现欢快活泼的气氛；用中低调、无色彩系列或只有明度差的色彩组合来表现痛苦、悲伤、郁闷心情的气氛；用冷调中低强度对比表现寂寞、忧伤的感觉；用中短调、低纯度的色相分割画面，表现烦躁不安的气氛。除了营造各种不同的气氛之外，场景设计能结合剧情用视觉进行形象比喻、象征影片的主题。

5. 叙事和调度

场景在很多情况下不仅起到烘托气氛和刻画角色的作用，还起到叙事的作用。叙事功能包括叙事的时间功能和叙事时间的形态。它对动漫影片的剧情发展和角色个性的情绪发展起着很重要的作用。所谓场面的调度，主要

是指场景和角色应该存在的位置。场面调度是一部动画影片成功与否的关键。场面的调度包括角度调度、画面调度、动画场景的景别、构图、视觉和运动等，是设计师通过角色的运动，利用一个画面内的景别、构图、光影、场面、环境气氛和角色动作等造型因素的变化，形成跌宕起伏的故事，营造强烈的艺术感染氛围重要手段之一。

11.2　场景的空间表现

现代的动画片形式丰富多彩，种类纷繁复杂，各有特色，根据动画中采用的技术及制作方法，我们总结有以下几类的空间表现。

1. 单一空间

最简单的结构空间，可以是两面墙、三面墙或四面墙 。可利用的角度很少，可以造成一种压抑、封闭的空间感，但如果面积很大，也可以产生空旷、宏伟的感觉，如大殿和厂房，如图11-1所示。

2. 纵向多层次空间

纵深方向多层次的场景，主要为适应推拉移动镜头的需要，具有强烈的前后、远近关系，如图11-2所示。

图11-1

图11-2

3. 横向排列空间

由若干并列空间连接、排列而成的直线形式或曲线形式的组合，镜头沿着线形轨迹运动，形成摇移运动效果，如图11-3所示。

图11-3

4. 综合式组合空间

这是一种复杂的、具有多种排列组合方式的空间。在这种空间中，需要掌握好主次、虚实关系，才不会分散观者的注意力，如图11-4所示。

图 11-4

11.3 场景的构图方法

构图不仅仅存在于二维平面设计中，在三维空间中，构图更为讲究，除了需要注意水平和垂直方向的构图外，还需要注意纵深方向的前后关系。场景的构图大概分为5种方法。

1. 分割构图

将画面进行不同比例的水平或垂直分割，这是影视画面构图常用的方法之一。 不同的分割比例，所产生的艺术效果是完全不同的。例如，用黄金分割的方法分割天与地，观众的视觉中心正好在地平线上，所以地平线上的人就成为了主体，低视点构图如图11-5所示。

2. 轴线构图

以画面中心的轴线形成等分的构图形式，使画面达到均衡和对称的美感。与这一中轴平行的是一系列垂直面，这些重复面会有力地形成一种节奏感，多用于教堂等对称的建筑，如图11-6所示。

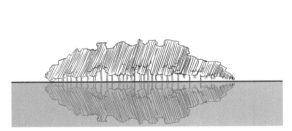

图 11-5

图 11-6

3. 对角线构图

对角线构图是景物空间基本的构图方法之一。对角线可以有效地引导目光从画面的四周向视觉中心聚拢，这很容易让观者产生一种径直通过场景空间的感觉。对角线也可以是假想的线条，借助植物丛或建筑体加以强化，如图 11-7 所示。

4. 三角形构图

三角形构图是以一个中心轴为基础的稳定的三角形结构。它具有从两条边向一个角汇聚的运动态势，所以方向性更强。因三角形的方向不同，所以视线会被向上或向下引导。三角形构图象征着稳定和崇高，如图 11-8 所示。

5. 环形构图

与三角形构图一样，环形构图也显示出一种稳定感。环形构图是一种封闭形的构图形式，可以有方形和圆形等几种，可将视线引向环形中心，如图 11-9 所示。

图 11-7　　　　　　　　　　　　图 11-8　　　　　　　　　　　　图 11-9

11.4　实例：场景氛围的营造

1. 塑造生动感

动画的场景就算画得再生动、再逼真仍然是假的，缺乏真实的场景空间生动感。真实的场景中有潜在的空气感，由于空气的流动，即使场景不动、光影不动、镜头不动，一切都是静止的，观众也能感受到场景中的立体、生机和动感。动画的场景只是一幅画，是"死"的、"平"的，绘画水平再强的画家也不可能画出空气的流动感，所以为达到更好的效果，应将场景处理得尽量丰富些、多变些、信息量大些，使观众在欣赏影片时不会感到单调，弥补场景生动感不足的缺点，如图 11-10 所示。

2. 营造神秘感

动画影片最适合表现的是幻想、超现实的题材，这是由动画本身的超现实的逻辑特点决定的。观众希望在动画中看到现实生活中无法看到的情境。所以动画影片在故事情节、表现手法、视觉效果等方面会尽可能地融入超现实因素，以满足观众的审美心理期待。例如，宫崎骏的众多影片中都有超现实的、幻想的内容，即使是现实主义的题材，也有部分魔幻情节渲染气氛，如《千与千寻》让魔幻氛围达到了极致，如图 11-11 所示。

图 11-10　　　　　　　　　　　　　　　　　图 11-11

因此，在场景设计方面也应有效地配合不为人知、带有神秘感的场景，让观众可以从中感觉到神秘感。

3. 制造危机感

通过复杂多变的场景空间创造出危机感，是制造影片悬念的重要手段。如《千与千寻》中千寻去寻找锅炉爷爷时经过外面的木梯向下看时的画面，可产生人会不会掉下去的危机感。通过场景制造出的危机感，强化了影片的节奏。最恰当的场景就是在丰富的场景空间中，能最快、最准确地传递出信息，突出主题，令观众在丰富生动的视觉效果中，了解创作者的意图，如图11-12所示。

图 11-12

11.4.1　色调的控制

场景色调的控制主要是由故事剧情要求所决定的，不同氛围的场景会有不同的色调，如夜晚开了台灯的房间，自然是温暖的暖色调。而关灯后的房间会变成冷色调。下面通过一个实例来学习场景的色调是怎样营造出来的。

这是一个二楼的室内场景，窗户打开着，温暖的阳光照射进来，窗外有两棵绿意盎然的大树，蓝蓝的天空给人一种心情舒畅、愉悦的感觉。所有场景元素的绘制并不复杂，重点是如何把场景的色调控制好，让简单变得丰富有意境，如图11-13所示。

图 11-13

01 用简略的线条把场景中的元素定位好，不需要考虑线条的美感，只需定位好场景的空间构成即可。窗户基本都是直线条，用椅子的曲线打破直线的单调，如图 11-14 所示。

02 勾勒场景的线稿。因为场景元素简单，这里不做具体的线条描绘介绍。精准地勾勒出室内的所有元素，如图 11-15 所示。

图 11-14   图 11-15

03 色调的控制。首先可以试着给场景定位 3 个色调，从中选择最适合主题的色调。午后温暖的阳光照射进来，室内会有大部分的背光面，窗外的暖色调会反衬出室内背光面的冷色调。没有阳光的白天，室内基本是灰冷的状态，为了与户外的绿色统一，可以使用灰绿色调。暖阳过后的黄昏，窗外没有强烈的阳光照射进来，此时的室内温度较高，整个画面是一种比较温暖的色调。这 3 种色调效果如图 11-16 所示。

图 11-16

11.4.2　材质的表现

通过前面的色调分析，确定第一种色调为整个画面的基调。下面开始具体刻画整体色调下的色彩细节，虽然室内大部分区域呈冷色调，但并不是所有部分都是背光的，如窗台、桌面和部分地面等，这些部分可以设为偏暖的颜色。需要注意的是，背光面的部分一定要设为蓝色调，如图 11-17 所示。

桌子和窗户是木质的，有点古旧的感觉，画时可以加少许破旧纹理。椅子是铁的，有少许金属的反光。不同的物质有不同的特点，木有木的纹理，铁有铁的纹理，这些细节需要在平时的生活中仔细观察，绘画时才能画得更加准确，如图 11-18 所示。

图 11-17

图 11-18

11.4.3 光影的表现

在窗外画出大树、蓝天和白云，阳光透过树影落在桌子、椅子和地板上，而不同的地方所产生的光影效果也不同，这是由受光面接受光照的远近、强弱决定的。同时，光照射在不同材质的物体上也会产生不同的高光效果，如木纹上的光较松散，光滑铁器上的光会比较集中、明亮，如图 11-19 所示。

需要注意的是，这里的椅子具有锈迹，因此它的受光面不会那么光滑，高光部分也会比较分散，但比较明亮。

新建一个图层，把图层混合模式调成叠加模式，笔刷改成喷枪模式，笔刷的不透明度调到 20%，在画面受光的地方刷上一层淡淡的黄色，画面就会变得和谐起来。地板上也画一层淡淡的橙色，这样地板的原色便呈现了出来，整个画面变得温暖了许多，如图 11-20 所示。

最后给画面加上一些光线，这些光线是单独画的，是一种长长的、尖锐的淡黄色图形，降低这些图形的不透明度后，再给这些图形添加外发光效果即可。这样，午后的暖阳感便呈现了出来，最终效果如图 11-21 所示。

图 11-19

图 11-20

图 11-21

11.5 实例：四季场景的表现

这里通过季节的变化来表现几个场景效果，以线描为主。

春季是万物复苏的季节，气候舒适，植物发芽生长，场景里充满活力，生机勃勃，空中飘过一些淡绿色的树叶作为点缀。

该场景的视觉中心是左下角的木屋，木屋的周围环绕着树木，因此该处的线条是非常紧密的，周围的山呈稀疏的线描效果。画面右侧的电线杆是一个近景元素，可丰富其细节，远处的木屋和树木都是简单地描绘。因此整个场景很好地表现出远近、虚实和疏密的效果，如图 11-22 所示。

夏天天气炎热，植物已经生长得非常茂盛，树木的色泽要画得深重一些，山体也会有较强的明暗区分，地上的草丛颜色也会比较深一些，如图 11-23 所示。

图 11-22

图 11-23

秋天，树木开始凋零，有的树掉光了叶子。因此秋天可以通过一些枯木和一些飘落的黄叶来呈现，而且叶子比较大且有一些缺口，如图 11-24 所示。

冬天是一个寒冷的季节，南方很少下雨，主要用白雪皑皑的场景来表现，最大的特色就是空中飘着雪花，山体、树木和地面被积雪覆盖，基本看不到细节，如图 11-25 所示。

图 11-24

图 11-25

11.6　实例：虚拟场景的绘制

这是一个虚拟的场景，需要通过合理的想象来构建一个场景空间，再通过艺术的加工来美化这个场景，如图11-26所示。

图 11-26

01 用简单的线条绘制出场景中的元素，主要有一辆小面包车、高架桥、大胖熊和远处的城市，另外就是场景中的绿色部分，包括树木、绿色草丛、附在建筑上的爬山虎。这些元素可以用简略的线条描绘出来，如图11-27所示。

02 开始勾勒线稿。高架桥上长满的爬山虎可以通过比较碎小的线条随机描绘，描绘时要注意线条在建筑物上的位置，爬山虎会沿着建筑的结构生长，因为建筑是立体的，线条也要在这些建筑的结构位置有一个转折的效果，如图11-28所示。

图 11-27

图 11-28

03 给场景填色。首先用大致的颜色平铺各个元素，区分出每个元素。注意车后面是黄色交通方向指示墙，可以区分后面的城市与近处的小车，它是决定整个场景的远近、疏密关系的重要元素，如图11-29所示。

04 画出元素的投影。先给场景设定光的投射方向，才能绘制阴影的投射方向（阴影的方向和光的投射方向是相反的），这里设定的是光从正上方照射下来的阴影效果，如图11-30所示。

| 图 11-29 | 图 11-30 |

05 刻画主体元素（面包车）的细节。注意刻画面包车的细节时，线条不要过于生硬，因为面包车中的大胖熊才是视觉的中心，因此这里将面包车的颜色也画得比较轻，让它没那么抢眼，主要是为了突出大胖熊。虽然大胖熊在画面中比较小，但它的细节不能省略，如图 11-31 所示。

06 绿树和草地的细节刻画主要是通过多层颜色来表现的，有深浅的变化。为了让面包车更加真实，在车身上增加刮痕、铁锈效果，如图 11-32 所示。

| 图 11-31 | 图 11-32 |

07 新建一个图层，把图层混合模式调成叠加模式，笔刷改成喷枪模式，笔刷的不透明度调到 20%，在画面受光的地方上刷上一层淡淡的绿色。这样，整个画面就变得更有光感了，最终效果如图 11-33 所示。

图 11-33

11.7 实例：角色与场景的绘制

场景与角色同时出现的画面中，角色一般以主体呈现，除非要展示场景环境。场景一般用来衬托角色，场景的风格一般会根据角色来设定，因此场景在很多情况下也会凸显角色的个性特征。下面通过绘制一个角色与场景的实例来解析场景与角色的关系。

1. 角色与背景的设定

该场景是一个小人国里的小美人躺在荷叶上，荷叶下游过一条比她还要大的鱼，很有童话气息。这是一个接近俯视的场景，荷叶和人物的线条绘制风格非常统一，元素都是通过弧线绘制出来的。为了让荷叶有一种浮在水面上的效果，除了在荷叶的周围画了一圈水波线外，还在荷叶上画了一些小水珠，如图 11-34 所示。

2. 构图与景别的选择

场景构图时要考虑角色位置和大小，在视觉中心上，为了突出人物的小，采用了顶视图对角线构图，角色和鱼分别处于对角线的两端，角色处于左上方位置，左上方的荷叶占据了大部分的面积。为了突出人物，鱼的颜色和线条都画得比较轻，因此视觉中心自然会落在左上方的人物上，如图 11-35 所示。

图 11-34

图 11-35

3. 绘制草图

确定好场景的元素与场景的构图后，开始绘制草图。首先利用弧线勾勒出画面 4 个角的荷叶，确定好大的框架，再用较轻的线条勾勒出角色的大概模样和水中游动的鱼，两者的比例需要进行对比才能确定，因此该场景中的所有元素最好都分层绘制，便于构图、比例的调整。最后给场景添加一些细节元素，如水珠和水波纹等，如图 11-36 所示。

4. 勾勒出线稿

　　勾勒出所有元素的最终线稿，因为该漫画要上色，所以线条的勾勒不要太过粗、硬，在元素的边缘可以适当地加深轮廓线，如图11-37所示。

图11-36　　　　　　　　　　　　　图11-37

5. 上色

　　在颜色的选择上，这里使用了3种比较突出的颜色：表现角色的蓝色和黄色，以及由黄蓝中和出来的绿色，这3种颜色的结合不会显得突兀，其中适当地点缀了一些橙色和灰蓝色调。

01 填充大体的色块，绿色的荷叶、深蓝色的水、银色的鱼、金黄色的长发和天蓝色的裙子。需要注意的是，因为人物是立体的，躺在荷叶上会有阴影，而阴影也正好是正面投射下去的，几乎与人物重叠，因此在人物的边缘添加了一层比较粗的线条，尤其裙子分层比较多，几乎每一层都添加了一层阴影，如图11-38所示。

02 由于鱼是在水里的，这里把鱼的不透明度调低了一些，并利用蒙版把鱼鳍和鱼尾部分处理得更为透明，这样鱼在水里的层次感更明显，如图11-39所示。

图11-38　　　　　　　　　　　　　图11-39

03 在荷叶上加上水珠，在荷叶的边缘添加一些波动的弧形，让荷叶变得更加灵动。在水面画一些波纹，这样会让整个画面显得更加有意境，如图 11-40 所示。

04 整个漫画的线稿和色彩均已绘制完成，最后对整个场景做一个技巧性的处理，让场景变得更有童话感和意境。

　　新建一个图层，把图层混合模式调成叠加模式，笔刷改成喷枪模式，并把笔刷不透明度调到 20%，在画面受光的地方或者较为突出的部分刷上一层淡淡的绿色，如人物的裙子和头发，可以轻轻地刷一层，使其显得更加立体；在荷叶的边缘与结构线的位置也轻轻地刷一层，荷叶也会显得立体许多；鱼的边缘也可以刷一层，让鱼与水更加融合。最终效果如图 11-41 所示。

图 11-40

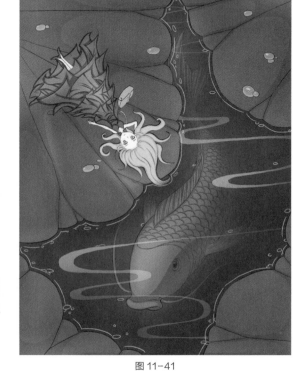

图 11-41

第 12 章
为动漫元素上色

本章主要内容

◆ 色彩的对比和搭配　　　　◆ 角色和场景的上色与配色技法

　　本章主要介绍动漫的上色技法，学习上色的技巧，分析色彩搭配，学习如何将一张黑白线稿一步步变成色彩丰富的动漫作品。

12.1　色彩在影视动漫中的重要性

　　色彩是艺术门类中一个重要的元素，无论是平面设计、卡通动漫还是影视制作等，色彩都占据着非常关键的位置，没有色彩的画面或镜头会缺少生气，情感的传递、故事意图的表达都会显得很弱。色彩在动漫中的重要性体现在以下几点。

1. 影视动漫色彩能体现故事的主题、剧情和意图

　　画面色彩的处理要根据动漫创作的题材和主题来定，这样才能真实地表达出一定的情感。如果色彩运用得够巧妙，还可以推进片中剧情的发展，能传达出更细致的情感和思想变化。如动画电影《大鱼海棠》中椿来到人间后，快速地用几个画面进行转变，展示一些游过的地方，画面的转换使天空和大海的明亮蓝色调变得轻松、愉快。当鲲在大海里和海豚游玩时，鲲为了救椿被漩涡卷到海底，设计师选择了偏冷的深蓝色调表现椿内心的绝望，如图 12-1 所示。

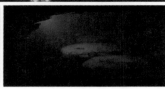

图 12-1

2. 影视动漫色彩能传递角色的情感和意愿

　　影视动漫中的色彩对观众的影响主要是通过刺激其无意识感知，产生新的支配力量，对剧中人物的情绪、意愿等心理空间的拓展是表意性的，对全剧的主题起到指代和象征的作用。

　　如《千与千寻》中当主角千寻来到汤屋，面对汤屋在夜色下发出的暖光，凸显汤屋中的热闹，衬托主角在屋外阴冷角落彷徨无助的可怜状态，如图 12-2 所示。

图 12-2

3. 影视动漫色彩能渲染和营造剧中各种画面氛围

影视动漫色彩起到烘托影片氛围、表达感情的作用。导演运用画面色彩去塑造剧中角色的情感感受，渲染画面意境，形成特定的审美场景，如一些动漫中用暖色调、亮调去烘托轻松的气氛，让观众能感受到快乐。《海底总动员》中的角色如图 12-3 所示。

用冷色调和暗调来烘托失落、悲观的情感，或表现恐怖画面，增加恐怖气氛，如图 12-4 所示。

图 12-3   图 12-4

4. 增强画面的叙事表现力和塑造主要人物形象

每个剧中的主角都有自己明确的色彩，以主角为中心，依次排列其他角色的用色，使得主角、配角色彩层次分明。如《大闹天宫》中孙悟空的色彩以明亮的黄色和红色为主，绿色、蓝色、黑色和灰色为点缀色，其他角色虽然不会再用同样的色调进行搭配，但还是会以这些颜色进行延伸，如图 12-5 所示。

在进行创作配色时，色彩表达主要为突出人物形象而服务，而在局部、细节色彩的具体处理上，以突出人物形象的需要为前提，服从主题思想的需要。

色彩的运用能使人物性格更加符号化、表征化，在现代的动画创作中也经常采用这种方法。1979 年拍摄的《哪吒闹海》吸取了中国门神画、壁画里的素材，采用装饰绘画风格，画面采用简练的线条，配以民间画常用的青、绿、红、白、黑等色彩，使人们感到既有传统的东西，又有提炼加工。

5. 表达中心思想

在对色彩设计的构思中，要全面把握剧情的变化，渲染影片画面的色彩意境变化，突出中心思想。

图 12-5

12.2　色彩的对比

色彩的对比主要体现在色相、明暗、冷暖、补色和纯度等因素上，通过对比让色彩有层次感，让画面中的所有对象的形象更鲜明、突出。反之，色彩没有层次、对比，画面就会显得很灰、很平。

1. 色相对比

色相对比即因色相之间的差别形成的对比，如把橙色分别放在红色背景或黄色背景上，红色背景的色相对比强弱取决于色相在色相环上距离的远近。两色在色相环上距离越远，对比越强；距离越近，对比越弱。

色相对比是色彩对比中最简单的一种，它对色彩视觉要求不高，是由未经掺和的色彩以其最强烈的明亮度来表示的。一些明显的色相对比有：黄与红、红与绿、蓝与黄、黄与紫、紫与橙。在相同明度和饱和度之下，红色和蓝色显得较暗，而黄色和绿色则显得较亮。如果排列在一起，互相衬托，会使得这种印象更加深刻。

2. 明暗对比

白天与黑夜，光明与黑暗，这种规律在人类生活和自然界中具有普遍的基本意义。色彩设计中可使用的最强明暗表现是白色与黑色。白色与黑色的效果在所有方面都是对立的，它们之间有着灰色和彩色的领域。无论是白色、黑色和灰色中间的明暗现象，还是纯度色彩中间的明暗现象，这些无穷数量的深浅灰色在白色和黑色之间构成了一个连续的色阶，可以分辨的灰色明暗色调数目取决于视力的敏感度和观察者的反应限度。一个单一而毫无生气的灰色表面，可以通过最细微的明暗调节变化而使其显示不可思议的生动。中性灰色是一种无特点的平淡的无彩色，非常容易被明暗与色相的对比所影响，它是无声的，却很容易激起令人感动的反响。

3. 冷暖对比

将温度感觉同视觉领域的色彩感觉说成一回事，听起来可能有些奇怪。但是实验已经证明，蓝绿色可使人体循环减慢，感觉寒冷。

4. 补色对比

如果两种颜料调和后产生中性灰黑色，就称这两种颜料的色彩为互补色。从物理学上说，两种互补色光混合在一起时会产生白光。两种这样的色彩组合成奇异的一对，它们既互相对立，又互相需要。当它们靠近时，能相互促成最大的鲜明性；当它们调和时，就会像火与水那样互相消灭，变成一种灰黑色。成对互补的例子有：黄与紫，红与绿，蓝与橙。两种补色排列在一起时，一种色会在其补色的衬托下更加凸显其本色。冷暖对比与补色对比有相通之处。

5. 纯度对比

饱和度或者色质，指的是色彩的纯度。纯度对比就是在强烈色彩同稀释的暗淡色彩之间的对比。白光通过棱镜产生的色相是饱和度最大的色，或称色相的最强度。纯度高的颜色显得明亮，而纯度低的颜色，即使明度与那些纯度较高的颜色相同，排列在一起时，也会显得暗淡。

12.3　色彩的搭配

动画角色设计涉及的色彩搭配，是完全建立在美术理论知识基础之上的，源于最基本的色彩规律。对比与协调，是一切色彩搭配的根本。色彩搭配有如下几种方式。

1. 以色相调和为基础的色彩搭配

就是使某一色相的色对其他色相的色都有所影响，从而使这一色相占支配地位，起主导作用。如果以红色为主导，色相搭配可以是大红、橘红、橘黄，同时配以偏冷的灰绿、灰蓝或偏紫的红。

2. 以明度调和为基础的色彩搭配

就是以明度因素来调和色彩，从而形成配色秩序的调和方法。以红、黄、蓝、橙、绿、紫为例，如果只是简单的组合，就缺乏秩序感，可以在这6种色中加入灰、白、黑，对色彩的明度加以调整，就可以建立起一种配色秩序，达到明度上的和谐，即在不改变色相的情况下，通过加白得到高明度的色调，通过加灰得到中明度的色调，通过加黑得到低明度的色调。

3. 以纯度调和为基础的色彩搭配

就是在一组缺乏配色秩序的色相中，分别加入与该色相明度相同的灰色，在不改变明度的情况下，达到纯度的统一。

4. 色彩隔离

当所用的某一组色处于不够协调、矛盾的状态时，在不改变各色对比、变化的前提下，也可用隔离手法处理得到协调的效果。例如，在一组色与其他色之间加入分离色白、黑、灰。

5. 渐变调和

渐变是最有秩序感的色彩调和方法。色相的渐变、明度的渐变、纯度的渐变，都是常用的色彩搭配手法。

6. 色彩的面积

在色彩的搭配协调过程中，色彩面积的大小对于色调的形成起着决定性的作用，大面积的色彩往往是决定色调的关键。相同的色彩搭配在不同的角色造型应用中，因为使用面积的不同，可能产生完全不同的色调。因此在实际运用中，可以通过大面积的色彩来确定角色的主色调，用小面积的色彩作对比，这样使得人物造型丰富而且和谐。

12.4   实例：动漫角色的上色技法

下面通过一个简单的上色实例来介绍上色技法。这是一个站在木门口的可爱小姑娘，身着紫色休闲衣服，淡蓝色的头发上戴着一个绿色的发夹，手上拿着一片绿色的四叶草，身边飞着淡绿色和淡蓝色的蝴蝶，背景的木门是淡灰蓝色的。整个画面以人物的紫色衣服为视觉中心，以绿色和淡蓝色为辅助色，来烘托小姑娘的单纯与活泼，淡灰蓝色是整个环境的背景色，既凸显人物，又使整体画面色彩和谐地融合在一起，如图 12-6 所示。

图 12-6

1. 上色前的准备

上色前准备着一张画好的线稿，因为是计算机上色，所以可以改变线稿的颜色。在 Photoshop 软件中，把线稿图层改成正片叠底模式，并锁定该图层。其他上色的图层在该图层下面，如图 12-7 所示。

 注意   该图层可以将线稿层叠加在所有颜色上，不会被其他颜色覆盖掉。

图 12-7

202

2. 底色搭配

颜色搭配是非常关键的步骤。因为人物由很多部分组成，包括头发、皮肤、衣服、裤子和鞋子，还有一些辅助元素。如何将这么多元素的色彩和谐地组合在一起，肯定是需要通过多次的色彩调试和搭配才能达到所需的效果。紫色系、粉色系、绿色系的色彩搭配，每一种搭配都能体现出人物的性格特征，如图12-8所示。

图12-8

 注意 每一种色彩的搭配都要遵循一个基本原则，就是要设定一个主色调，辅助色只能作为点缀。

3. 角色的上色

这里选择紫色调的配色方案，紫色为主，绿色作为点缀。紫色不但能凸显女孩子的特性，本身也是一种很突出的色彩，作为画面的主要视觉色彩，能压得住画面，使主体突出。绿色点缀能让画面洋溢着一股春天般的气息。淡蓝色的头发其实是为了迎合紫色调，使之和谐，如图12-9所示。

下面根据光源，绘制人物的阴影。阴影也是色彩中的一部分。动漫中的阴影并不都是黑色的，通常阴影的颜色都是与原始的固有色同色系，会略微比固有色要深一些。如人物的衣服，在衣服、头发、发夹和皮肤的边缘都添加了一些深色的色块，这些颜色既不会显得突兀，又能让人物变得立体，如图12-10所示。

继续对阴影进行修饰处理。只有一层阴影的皮肤会显得层次感不足，色调也显得比较呆板，所为这里新建一个图层，绘制第二层阴影。这层阴影会比第一层的颜色更深一点，通常这一层在人物结构较深的位置，如脖子、耳孔和肢体边缘，以及一些结构交叉较深的部位，如背带与人物胳肢窝的位置和裤裆等。多层的阴影会使对象显得更加立体，如图12-11所示。

图12-9

图12-10

图12-11

4. 场景的色彩搭配

接下来添加环境。这里让人物置身于一个室外场景，刚出门，站在门口。在画门时，应适当地考虑人物与门的比例关系，如图 12-12 所示。

在木门和木栅栏线稿绘制中，轮廓线要刻画得深一点，木纹线条可以细、轻一点。为了让场景真实，石阶也要画出纹理。这里的木纹线条比较多，是为了与人物的线条形成对比，让画面显得更充实，如图 12-13 所示。

给木门填充颜色。这里选择了淡蓝色作为环境的主色调，栅栏和台阶都填充了接近的颜色。注意环境的元素也要加上阴影，这里首先添加了几处简单的阴影，包括上面的屋檐阴影和栅栏的阴影，这是表现空间的重要阴影部分，如图 12-14 所示。

图 12-12　　　　　　　　　　图 12-13　　　　　　　　　　图 12-14

5. 画面细节的刻画

下面刻画木纹的细节，主要是给木纹添加凹陷的纹理效果，这种凹陷效果通常由阴影和高光组合而成，很容易达到一种真实的浮雕效果，如图 12-15 所示。

最后对画面进行整体的美化处理。新建一个图层，把图层混合模式调成叠加模式，画笔改成喷枪模式，不透明度调到 20%，在画面受光的地方上刷上一层淡淡的蓝色，在人物身上画一层淡淡的紫色，这样画面显得和谐了许多。给人物添加阴影后，整个画面的光感和体积感强烈了许多，如图 12-16 所示。

图 12-15　　　　　　　　　　图 12-16

在眼睛部位做一些细节处理，仍使用上面的美化处理方法，给眼珠加一层淡蓝色，让眼珠变得更通透。另外，头发是受光面最多的地方，也利用美化方法加一层高光。最后，用粉色画笔给人物的脸颊添加红晕，如图12-17所示。

人物头部和蝴蝶的细节展示如图12-18所示。

图 12-17

图 12-18

12.5 实例：动漫场景的上色技法

该实例是给一个森林中的树屋场景进行上色处理。树屋场景以绿色为主，前景是一棵绿色的大树，树枝上有一个小木屋，背景是灰绿色的山石和瀑布，整个画面显得非常梦幻。该场景元素不多，重点是处理上色的虚实、主次关系，营造一种童话般的梦幻色彩，如图12-19所示。

图 12-19

01 绘制一个树屋场景草图。该场景的绘制主要以大树枝和小木屋为视觉中心，只需勾勒出树枝的线条和树枝上的小木屋，即可大致定位整个场景的线稿，树枝上的树叶和背景的山石、瀑布都可以用简单的线条粗略地定位，如图12-20所示。

02 清理草稿，修正线条，描绘出精细的线稿。树枝和小木屋是画面的主体元素，需要重点描绘，树枝部分主要是描绘表面的树皮纹理，小木屋部分主要是将休闲场景描绘出来。而树枝和小木屋相比，小木屋又是视觉中心元素，其刻画要比树枝更细致，如图12-21所示。

图12-20

图12-21

03 再次修饰线条，用简洁、流畅的线条描出更为精细的线稿，如图12-22所示。

 注意

这里将小木屋的线条进行了简化，之前的木屋线条过于烦琐，把木屋的木质纹理也描绘了出来，这样不利于上色表现。简化后的木屋纹理可以通过颜色来体现。

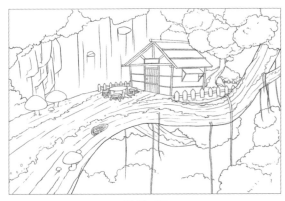

图12-22

04 开始上色。用喷枪模式的画笔工具给画面喷上一层淡淡的底色，树枝、树叶和背景的底色可以用它们本身的固有色进行上色。这一步与绘制水彩画的第一步打底色是一样的，先用淡淡的颜色将每个部分喷涂出来，甚至可以定位好光源的方向，把每个部分的体积感进行简单的处理，如图12-23所示。

05 有了一层淡淡的底色后，开始深入绘制每个部分的体积感。首先用物体的固有色来喷涂每个元素，把它们区分得更明显一点，然后在每个部分的暗部用比固有色深一点的相同色系的色彩喷涂一层，即加深暗部。最后用一种蓝绿色彩在树枝的背光部分喷涂一层，让暗部更暗，暗部通常是偏冷色调的，如图12-24所示。

图 12-23

图 12-24

06 小木屋的暗部处理也用一样的方法。此时可以看到场景中的树枝和小木屋的体积感增强了许多，不过整个画面的空间感还不够强，如图 12-25 所示。

图 12-25

07 下面对整体画面的空间感进行加强处理。这里设定的光源方向是在场景的前上方，光线照射在树枝上后，会产生投射阴影，也就是环境背景的下方会显得比较暗。这里用一种较暗的墨绿色在画面的下方进行喷涂，拉开场的层次感，然后用该墨绿色（降低不透明度到 60%）在前景的树叶、树枝和木屋的暗部进行涂抹，背景中的山石和瀑布上也可以轻轻地涂一层。这样做的目的不仅是加强立体感，也是让整个画面的色调显得更加和谐统一，如图 12-26 所示。

08 整个场景的色调基本处理完成，对树枝上的纹理细节进行刻画，让树枝显得更加真实。树枝的表面不会是平滑的，会有一些裂痕。裂痕的处理比较简单，可以用一条暗线和一条亮于固有色的相同色系的线组合而成，当然要处理得更真实，可以多用几层颜色叠加在一起。树枝表面的色彩处理要稍微复杂一点，需要用相同色系的色彩，一层一层地喷涂，如图 12-27 所示。

图 12-26

图 12-27

09 画面亮部的颜色处理和暗部的处理方法是一样的，也是用亮于每个元素固有色的相同色系的色彩，在元素的受光面进行喷涂。

10 对画面进行柔化处理，和上一个实例的最后一步相同的。这是整个场景产生梦幻效果的至关重要的一步。至此，整个场景的色彩处理完成，最终效果如图 12-28 所示。

图 12-28